Saint-Pertersbourg
1914

Liapounoff, Alexandre

Sur les figures d'équilibre peu différentes des ellipsoides d'une masse liquide homogène douce d'un mouvement de

4e partie : Nouvelles formules pour la recherches des figures d'équilibre

Tome 4

SUR LES FIGURES D'ÉQUILIBRE

PEU DIFFÉRENTES DES ELLIPSOÏDES

D'UNE MASSE LIQUIDE HOMOGÈNE

DOUÉE D'UN MOUVEMENT DE ROTATION

PAR

A. LIAPOUNOFF.

QUATRIÈME PARTIE.

NOUVELLES FORMULES POUR LA RECHERCHE DES FIGURES D'ÉQUILIBRE.

(Mémoire présenté à l'Académie Impériale des Sciences le 3/16 avril 1913).

ST.-PÉTERSBOURG.

IMPRIMERIE DE L'ACADÉMIE IMPÉRIALE DES SCIENCES.

Vass.-Ostr., 9e ligne, № 12.

1914.

SUR LES FIGURES D'ÉQUILIBRE

PEU DIFFÉRENTES DES ELLIPSOÏDES

D'UNE MASSE LIQUIDE HOMOGÈNE

DOUÉE D'UN MOUVEMENT DE ROTATION

PAR

A. LIAPOUNOFF.

QUATRIÈME PARTIE.

NOUVELLES FORMULES POUR LA RECHERCHE DES FIGURES D'ÉQUILIBRE.

(Mémoire présenté à l'Académie Impériale des Sciences le 3/16 avril 1913).

ST.-PÉTERSBOURG.
IMPRIMERIE DE L'ACADÉMIE IMPÉRIALE DES SCIENCES.
Vass.-Ostr., 9e ligne, № 12.
1914.

Imprimé par ordre de l'Académie Impériale des Sciences.
Janvier 1914. *S. d'Oldenburg*, Secrétaire perpétuel.

TABLE DES MATIÈRES

DE LA QUATRIÈME PARTIE.

ERRATA.

Page	Ligne				
66	3 (en remontant)				

au lieu de:

$$\int \frac{\nu \mathbf{N}^2 Y_{i,2j}}{(\nu^2 - \mu^2)(\rho + \mu^2)} \frac{\partial Y_{n,2l}}{\partial \nu} d\sigma = J''$$

lisez:

$$\int \frac{\nu \mathbf{N}^2 Y_{i,2j}}{(\nu^2 - \mu^2)(\rho + \nu^2)} \frac{\partial Y_{n,2l}}{\partial \nu} d\sigma = J''$$

Page	Ligne				
93	9 (en remontant)	*au lieu de:*	ζ_1	*lisez:*	$\overline{\zeta}_1$
94	10 (en remontant)	»	$\zeta_{10}^s w^s$	»	$\zeta_{10}^r w^s$
112	6	»	$(-1)^s$	»	$(-1)^{s-1}$
112	8	»	$f_2^{(i)}(0)$	»	$f_r^{(i)}(0)$

AVANT-PROPOS.

Cette quatrième et dernière Partie est consacrée à l'étude des opérations analytiques qu'on doit effectuer pour résoudre le problème avec une approximation voulue.

Dans la première Partie nous avons donné pour cela des formules générales, que nous avons appliquées, dans la deuxième Partie, à la recherche des figures d'équilibre dérivées des ellipsoïdes de Maclaurin.

Les mêmes formules sont applicables aussi à la recherche des figures d'équilibre qui dérivent des ellipsoïdes de Jacobi, quoique les calculs deviennent alors plus compliqués.

C'est de ces calculs-là que nous aurions dû nous occuper à présent. Mais, au lieu de le faire en partant des formules précédentes, nous allons développer un nouveau système de formules, qui s'appliqueront avec la même simplicité tant au cas des ellipsoïdes de Maclaurin qu'à celui des ellipsoïdes de Jacobi, et qui, en même temps, auront l'avantage de mettre en évidence une propriété importante du problème, propriété que nous avons indiquée dans la deuxième Partie comme vraisemblable sans pouvoir la démontrer d'une manière générale.

Dans ce qui précède, en désignant les demi-axes de l'ellipsoïde considéré par

$$\sqrt{\rho+1}, \qquad \sqrt{\rho+q}, \qquad \sqrt{\rho},$$

nous avons représenté la surface de la figure d'équilibre cherchée par les équations

$$(1) \qquad \begin{cases} x = \sqrt{\rho+1+\zeta}\,\sin\theta\cos\psi, \\ y = \sqrt{\rho+q+\zeta}\,\sin\theta\sin\psi, \\ z = \sqrt{\rho+\zeta}\,\cos\theta, \end{cases}$$

où x, y, z sont les coordonnées rectangulaires et ζ est une fonction de θ et ψ qu'on doit déterminer, et qu'on suppose être suffisamment petite en valeur absolue.

Nous avons vu que, si ρ et q satisfont à certaines équations, il existe une fonction ζ répondant à des figures d'équilibre non ellipsoïdales. Cette fonction peut renfermer un certain nombre de paramètres arbitraires; mais, si l'on fait des hypothèses déterminées au sujet du volume et de la position de la figure par rapport aux axes coordonnés (dont celui des z sert d'axe de rotation), ces paramètres se réduiront à un seul, pour lequel on peut prendre une quantité susceptible d'une valeur réelle quelconque, la valeur zéro correspondant à l'ellipsoïde considéré, et nous avons vu que cette quantité peut être choisie de telle manière que la fonction ζ soit développable suivant les puissances entières et positives du paramètre en question, tant qu'il est assez petit en valeur absolue.

De cette façon, en désignant le paramètre par α, on peut poser, $|\alpha|$ étant assez petit,

$$\zeta = \zeta_1 \alpha + \zeta_2 \alpha^2 + \zeta_3 \alpha^3 + \cdots,$$

où ζ_1, ζ_2 etc. sont des fonctions de θ et ψ ne renfermant aucune constante arbitraire.

Parmi ces fonctions, la première s'obtient immédiatement et se présente sous la forme d'une fonction rationnelle des arguments

$$\sin\theta\cos\psi, \qquad \sin\theta\sin\psi, \qquad \cos\theta, \tag{2}$$

où le dénominateur est égal à

$$H = \rho(\rho+q)\sin^2\theta\cos^2\psi + \rho(\rho+1)\sin^2\theta\sin^2\psi + (\rho+1)(\rho+q)\cos^2\theta.$$

Quant aux fonctions suivantes, nous avons obtenu, pour les déterminer, des équations, telles que, pour toute valeur de l'indice i, on peut en déduire ζ_i, si l'on a déjà déterminé

$$\zeta_1, \qquad \zeta_2, \qquad \ldots, \qquad \zeta_{i-1}.$$

Ces foctions se présentent d'abord sous la forme de séries infinies. Mais, en les étudiant successivement, on ne manque pas de s'apercevoir que ces séries sont sommables à l'aide des fonctions rationnelles des arguments (2) où les dénominateurs sont des puissances de H, ce qui conduit, en définitive, à des expressions de la forme

$$\zeta_i = \frac{\Phi_i}{H^i},$$

où Φ_i désigne une fonction entière des arguments (2).

Dans la deuxième Partie, nous l'avons montré en toute généralité pour ce qui concerne les figures d'équilibre de révolution. Quant à d'autres figures d'équilibre qui dérivent des ellipsoïdes de Maclaurin, nous n'avons pas pu le démontrer en général, et nous nous sommes borné à calculer les trois premiers termes de la série

$$\zeta_2, \quad \zeta_3, \quad \zeta_4, \quad \ldots,$$

dont l'étude nous a montré que leurs expressions se réduisent bien à la forme indiquée.

Des circonstances tout analogues se présentent aussi dans le cas des figures d'équilibre dérivées des ellipsoïdes de Jacobi. Mais la démonstration générale, basée uniquement sur la considération des formules développées dans la première Partie, est alors encore plus difficile que dans le cas des figures d'équilibre dérivées des ellipsoïdes de Maclaurin.

En méditant sur ce sujet, je me suis aperçu que la difficulté provenait de la forme des équations que j'ai prises pour représenter la surface de la figure d'équilibre.

Les équations (1), en y remplaçant ζ par une constante, représentent un ellipsoïde homofocal à l'ellipsoïde considéré.

Je me suis arrêté à cette forme des équations principalement pour rendre plus facile l'évaluation de certaines intégrales qui se rencontrent dans le cours des calculs. Mais rien n'empechait de représenter la surface de la figure d'équilibre par des équations d'une tout autre forme.

Par exemple, on pourrait prendre pour cela les équations, se réduisant, en y remplaçant la fonction inconnue par une constante, à celles d'un ellipsoïde homothétique à l'ellipsoïde considéré.

En partant de pareilles équations, on arrive à des formules très simples, et l'étude de ces formules conduit à une démonstration générale de la propriété signalée des fonctions ζ_i, considérées plus haut.

C'est au développement de ces formules que sera consacré le présent Mémoire, où l'on trouvera ainsi une nouvelle méthode de la recherche des figures d'équilibre et la démonstration générale qui manquait à l'étude dont nous nous sommes occupé dans la deuxième Partie.

I. — Transformation de l'équation fondamentale.

1. Considérons un ellipsoïde singulier appartenant soit à la série des ellipsoïdes de Maclaurin, soit à celle des ellipsoïdes de Jacobi. Les demi-axes de cet ellipsoïde, que nous appellerons l'ellipsoïde E_0, seront désignés, comme précédemment, par

$$\sqrt{\rho+1}, \qquad \sqrt{\rho+q}, \qquad \sqrt{\rho},$$

en supposant $q \leqq 1$.

En cherchant les figures d'équilibre qui en dérivent, nous avons à considérer l'équation qui, avec les notations de la première Partie (n° 1), s'écrit

$$U + \Omega(x^2 + y^2) = \text{const.}, \tag{1}$$

et qui doit être vérifiée sur la surface de la figure d'équilibre.

Or, pour représenter cette surface, nous nous servirons à présent, au lieu des équations de la première Partie, des suivantes:

$$\left\{\begin{aligned} x &= \sqrt{1+\zeta}\,\sqrt{\rho+1}\,\sin\theta\cos\psi, \\ y &= \sqrt{1+\zeta}\,\sqrt{\rho+q}\,\sin\theta\sin\psi, \\ z &= \sqrt{1+\zeta}\,\sqrt{\rho}\,\cos\theta, \end{aligned}\right. \tag{2}$$

où ζ est une fonction inconnue de θ et ψ qu'on suppose être suffisamment petite en valeur absolue, quels que soient θ et ψ.

Voyons donc quelle forme prendra l'équation (1) lorsqu'on y introduira la fonction ζ à l'aide des équations (2).

On a immédiatement

$$x^2 + y^2 = (1+\zeta)(p + \cos^2\psi + q\sin^2\psi)\sin^2\theta,$$

et tout revient ainsi à rechercher

$$U = \frac{1}{\pi}\int\frac{d\tau'}{r},$$

où l'intégrale est étendue à tous les éléments $d\tau'$ du volume de la figure d'équilibre, r étant la distance d'un point (x', y', z') de l'élément $d\tau'$ au point (x, y, z) de la surface de cette figure.

Pareillement à ce que nous avons fait dans la première Partie, nous chercherons à présenter U sous la forme de la série

$$U = U_0 + U_1 + U_2 + \cdots,$$

où le terme général U_i soit homogène et d'ordre i par rapport aux valeurs de la fonction ζ. Mais pour cela nous devrons, dès le début, faire certaines hypothèses au sujet de cette fonction, analogues à celles qui ont été introduites dans la première Partie.

Nous rapporterons les valeurs de la fonction ζ aux points de la surface de la sphère Σ définie par les équations

$$x = \sin\theta\cos\psi, \qquad y = \sin\theta\sin\psi, \qquad z = \cos\theta$$

et nous supposerons qu'à tout point de cette surface il corresponde une seule valeur de ζ. D'ailleurs, en considérant deux points de Σ, (θ, ψ) et (θ', ψ'), et les valeurs ζ et ζ' qui s'y rapportent, nous supposerons que, δ étant la distance entre ces points, le rapport

$$\frac{|\zeta - \zeta'|}{\delta}$$

reste au-dessous d'une limite suffisamment petite, quels que soient les deux points considérés.

Ces hypothèses, comme il est facile de le voir, sont équivalentes à celles que nous avons admises dans la première Partie.

Or, pour ce qui concerne ces dernières, nous avons montré ailleurs*) qu'elles expriment une circonstance qui doit nécessairement avoir lieu en vertu de l'équation fondamentale du problème, si la figure d'équilibre est suffisamment peu différente de l'ellipsoïde dont on part.

Par suite, la fonction ζ devant être suffisamment petite en valeur absolue, les hypothèses que nous venons d'énoncer ne nuiront en rien à la généralité.

Venons donc à la recherche de U, en supposant qu'on ait

$$|\zeta| < l, \qquad \frac{|\zeta - \zeta'|}{\delta} < g, \tag{3}$$

l et g étant des nombres fixes suffisamment petits.

2. Pour un point quelconque de l'espace, nous poserons

$$x = \sqrt{1+\xi}\,\sqrt{\rho+1}\,\sin\theta\cos\psi,$$

$$y = \sqrt{1+\xi}\,\sqrt{\rho+q}\,\sin\theta\sin\psi,$$

$$z = \sqrt{1+\xi}\,\sqrt{\rho}\,\cos\theta,$$

ξ étant une variable assujettie à la condition $\xi \geqq -1$.

Alors, pour l'élément de volume $d\tau$, nous pourrons prendre l'expression

$$\begin{vmatrix} \frac{\partial x}{\partial \xi} & \frac{\partial y}{\partial \xi} & \frac{\partial z}{\partial \xi} \\ \frac{\partial x}{\partial \theta} & \frac{\partial y}{\partial \theta} & \frac{\partial z}{\partial \theta} \\ \frac{\partial x}{\partial \psi} & \frac{\partial y}{\partial \psi} & \frac{\partial z}{\partial \psi} \end{vmatrix} d\xi\, d\theta\, d\psi.$$

Nous aurons ainsi

$$d\tau = \frac{1}{2}\sqrt{\rho(\rho+1)(\rho+q)}\,\sqrt{1+\xi}\,\sin\theta\, d\xi\, d\theta\, d\psi,$$

ce que nous écrirons plus simplement

$$d\tau = \frac{1}{2}\Delta\sqrt{1+\xi}\, d\xi\, d\sigma,$$

*) *Annales Scientifiques de l'École Normale Supérieure*, t. 26 de la 3e série, année 1909.

en posant, comme nous l'avons fait précédemment,

$$\sqrt{\rho(\rho+1)(\rho+q)} = \Delta$$

et en entendant par $d\sigma$ l'élément $\sin\theta\, d\theta\, d\psi$ de la surface de la sphère Σ.

De cette façon, en désignant par θ', ψ' les valeurs de θ, ψ relatives au point (x', y', z') de l'élément $d\tau'$ et en posant

$$\sin\theta'\, d\theta'\, d\psi' = d\sigma',$$

nous aurons

$$U = \frac{\Delta}{2\pi}\int d\sigma' \int_{-1}^{\zeta'} \frac{\sqrt{1+\xi}}{r}\, d\xi,$$

ζ' étant ce que devient ζ en y remplaçant θ, ψ par θ', ψ' et l'intégration relative à $d\sigma'$ étant étendue à toute la surface de la sphère Σ.

Dans cette formule, r est la distance du point ayant pour coordonnées rectangulaires

$$x = \sqrt{1+\xi}\,\sqrt{\rho+1}\,\sin\theta'\cos\psi',$$

$$y = \sqrt{1+\xi}\,\sqrt{\rho+q}\,\sin\theta'\sin\psi',$$

$$z = \sqrt{1+\xi}\,\sqrt{\rho}\,\cos\theta'$$

au point dont les coordonnées sont données par les formules (2).

Pour mettre en évidence que cette distance dépend de ζ et ξ, nous écrirons

$$r = D[\zeta, \xi].$$

Nous aurons donc

$$U = \frac{\Delta}{2\pi}\int d\sigma' \int_{-1}^{\zeta'} \frac{\sqrt{1+\xi}}{D[\zeta,\xi]}\, d\xi.$$

Maintenant, pareillement à ce que nous avons fait dans la première Partie, décomposons l'intégrale relative à ξ de la manière suivante:

$$\int_{-1}^{\zeta'} = \int_{-1}^{\zeta} + \int_{\zeta}^{\zeta'}.$$

Pour ce qui concerne la première intégrale du second membre, en remarquant qu'on a

$$D[\zeta,\xi] = \sqrt{1+\zeta}\, D\left[0, \frac{\xi-\zeta}{1+\zeta}\right]$$

et en posant

$$\frac{\xi-\zeta}{1+\zeta} = u,$$

nous aurons, en prenant u pour variable d'intégration,

$$\int_{-1}^{\zeta} \frac{\sqrt{1+\xi}}{D[\zeta,\xi]}\, d\xi = (1+\zeta) \int_{-1}^{0} \frac{\sqrt{1+u}}{D[0,u]}\, du.$$

Par suite, si nous posons

$$\frac{\Delta}{2\pi} \int d\sigma' \int_{-1}^{0} \frac{\sqrt{1+\xi}}{D[0,\xi]}\, d\xi = U_0,$$

$$\frac{1}{4\pi} \int d\sigma' \int_{\zeta}^{\zeta'} \frac{\sqrt{1+\xi}}{D[\zeta,\xi]}\, d\xi = S,$$

il viendra

(4) $$U = (1+\zeta)\, U_0 + 2\Delta S.$$

On peut d'ailleurs écrire immédiatement la valeur de U_0, car πU_0 est le potentiel de l'ellipsoïde E_0 en un point de sa surface. On a donc

$$U_0 = \Delta \int_{\rho}^{\infty} \left[1 - \frac{\rho+1}{t+1} \sin^2\theta \cos^2\psi - \frac{\rho+q}{t+q} \sin^2\theta \sin^2\psi - \frac{\rho}{t} \cos^2\theta\right] \frac{dt}{\Delta(t)},$$

où

$$\Delta(t) = \sqrt{t(t+1)(t+q)}.$$

Cela posé, venons à la recherche de S.

3. On a évidemment

$$D[\zeta,\xi] = \sqrt{1+\xi}\, D\left[\frac{\zeta-\xi}{1+\xi}, 0\right],$$

d'où l'on voit que, si l'on introduit, au lieu de ξ, la variable

$$u = \frac{\xi-\zeta}{1+\zeta},$$

l'expression de S deviendra

$$S = \frac{1+\zeta}{4\pi}\int d\sigma' \int_0^{Z} \frac{du}{D\left[-\frac{u}{1+u}, 0\right]},$$

en posant

$$\frac{\zeta'-\zeta}{1+\zeta} = Z.$$

Nous poserons, pour abréger,

$$D\left[-\frac{u}{1+u}, 0\right] = D(u),$$

en sorte que $D(u)$ représentera la distance entre les points ayant pour coordonnées

$$x = \frac{\sqrt{\rho+1}}{\sqrt{1+u}}\sin\theta\cos\psi, \qquad y = \frac{\sqrt{\rho+q}}{\sqrt{1+u}}\sin\theta\sin\psi, \qquad z = \frac{\sqrt{\rho}}{\sqrt{1+u}}\cos\theta$$

et

$$x = \sqrt{\rho+1}\,\sin\theta'\cos\psi', \qquad y = \sqrt{\rho+q}\,\sin\theta'\sin\psi', \qquad z = \sqrt{\rho}\,\cos\theta'.$$

Ce sera donc la distance entre deux points dont l'un, qui correspond aux angles θ', ψ', se trouve sur la surface de l'ellipsoïde E_0 et l'autre, qui correspond aux angles θ, ψ, est intérieur ou extérieur à cet ellipsoïde, selon que u est positif ou négatif.

Avec cette notation, nous aurons

$$S = \frac{1+\zeta}{4\pi}\int d\sigma' \int_0^{Z} \frac{du}{D(u)}.$$

Posons maintenant

$$S(\varepsilon) = \frac{1+\zeta}{4\pi}\int d\sigma' \int_0^{\varepsilon Z} \frac{du}{D(u)}, \tag{5}$$

en entendant par ε un paramètre arbitraire.

Tenant compte des hypothèses que nous avons admises au n° 1, il est facile de s'assurer que, $|\varepsilon|$ étant suffisamment petit, la fonction $S(\varepsilon)$ est développable suivant les puissances entières et positives de ε en une série absolument et uniformément convergente pour toutes les valeurs réelles de θ et ψ.

Pour le montrer, considérons de plus près l'expression

$$D^2(u) = (\rho+1)\left(\frac{\sin\theta\cos\psi}{\sqrt{1+u}} - \sin\theta'\cos\psi'\right)^2$$
$$+ (\rho+q)\left(\frac{\sin\theta\sin\psi}{\sqrt{1+u}} - \sin\theta'\sin\psi'\right)^2 + \rho\left(\frac{\cos\theta}{\sqrt{1+u}} - \cos\theta'\right)^2.$$

Il est facile de voir qu'on peut la mettre sous la forme

$$D^2(u) = \frac{D^2(0)}{1+u} + M\frac{u}{1+u} + N\frac{(\sqrt{1+u}-1)^2}{1+u},$$

où

$$M = (\rho+1)\sin\theta'\cos\psi'(\sin\theta'\cos\psi' - \sin\theta\cos\psi)$$
$$+ (\rho+q)\sin\theta'\sin\psi'(\sin\theta'\sin\psi' - \sin\theta\sin\psi) + \rho\cos\theta'(\cos\theta' - \cos\theta),$$
$$N = (\rho+1)\sin\theta\cos\psi\sin\theta'\cos\psi' + (\rho+q)\sin\theta\sin\psi\sin\theta'\sin\psi' + \rho\cos\theta\cos\theta'.$$

Nous aurons donc

$$\frac{D(0)}{D(u)} = \frac{\sqrt{1+u}}{\sqrt{1+w(u)}},$$

où

$$w(u) = \frac{M}{D}\frac{u}{D} + N\frac{(\sqrt{1+u}-1)^2}{D^2},$$

en désignant $D(0)$ simplement par D.

Posons maintenant

$$u = Zv\varepsilon$$

et prenons v pour variable d'intégration.

Nous aurons

$$S(\varepsilon) = \frac{\varepsilon}{4\pi}\int\frac{(\zeta'-\zeta)\,d\sigma'}{D}\int_0^1\frac{\sqrt{1+Zv\varepsilon}}{\sqrt{1+w(Zv\varepsilon)}}\,dv,$$

$$w(Zv\varepsilon) = \frac{M}{D}\frac{Z}{D}v\varepsilon + N\left(\frac{\sqrt{1+Zv\varepsilon}-1}{Zv\varepsilon}\right)^2\frac{Z^2}{D^2}v^2\varepsilon^2.$$

Or, on a évidemment

$$\frac{|M|}{D} < \sqrt{\rho + 1}, \qquad N < \rho + 1, \qquad D > \sqrt{\rho}\,\delta$$

et d'autre part, en vertu des inégalités (3), en supposant $l < 1$,

$$|Z| < \frac{g\delta}{1-l},$$

d'où il vient

$$\frac{|Z|}{D} < \frac{1}{\sqrt{\rho}} \frac{g}{1-l}.$$

On peut d'ailleurs écrire, eu égard à ce que $\delta \leqq 2$,

$$|Z| < \frac{2g}{1-l},$$

ou bien encore,

$$|Z| < \sqrt{\frac{\rho+1}{\rho}} \frac{g}{1-l},$$

puisqu'on aura nécessairement $\rho < \frac{1}{3}$ (**1**, n° 37 et **3**, n° 13).

Par suite, en posant pour abréger

$$\sqrt{\frac{\rho+1}{\rho}} \frac{g}{1-l} = G, \tag{6}$$

on aura, v étant compris entre 0 et 1,

$$\left|\frac{M}{D}\frac{Z}{D}v\right| < G, \qquad \left|N\frac{Z^2}{D^2}v^2\right| < G^2, \qquad |Zv| < G.$$

D'après cela on voit que, si l'on développe la fonction $w(Zv\varepsilon)$ suivant les puissances croissantes de ε, les coefficients du développement seront en valeurs absolues inférieurs aux coefficients correspondants du développement de la fonction

$$f(\varepsilon) = G\varepsilon + \left(1 - \sqrt{1 - G\varepsilon}\right)^2 = 2\left(1 - \sqrt{1 - G\varepsilon}\right),$$

et ce dernier développement, dont tous les coefficients sont positifs, a lieu sous la condition $G|\varepsilon| \leqq 1$.

On voit d'ailleurs que sous la condition $G|\varepsilon| \leqq \frac{3}{4}$ il viendra $|f(\varepsilon)| \leqq 1$.

Par suite, si l'on a

$$G|\varepsilon| \leqq \frac{3}{4},$$

on aura

$$|w(\mathbf{Z}v\varepsilon)| < 1, \qquad |\mathbf{Z}v\varepsilon| < 1,$$

et la fonction à intégrer dans l'expression de $S(\varepsilon)$ sera développable suivant les puissances entières et positives de ε en une série absolument et uniformément convergente dans tout le champ d'intégration.

Donc, sous la même condition, la fonction $S(\varepsilon)$ sera développable en une pareille série, et voici d'ailleurs une fonction majorante du développement de $S(\varepsilon)$:

$$\frac{g\varepsilon}{\sqrt{\rho}} \cdot \frac{2 - \sqrt{1 - G\varepsilon}}{\sqrt{2\sqrt{1 - G\varepsilon} - 1}}. \tag{7}$$

Quant à ce développement, on trouve, en se reportant à la formule (5),

$$S(\varepsilon) = \frac{1 + \zeta}{4\pi} \sum_{i=1}^{\infty} \frac{\varepsilon^i}{i!} \lim_{u=0} \frac{d^{i-1}}{du^{i-1}} \int \frac{\mathbf{Z}^i \, d\sigma'}{D(u)};$$

ou bien, en remplaçant Z par sa valeur,

$$S(\varepsilon) = \frac{1}{4\pi} \sum_{i=1}^{\infty} \frac{1}{i!} \frac{\varepsilon^i}{(1 + \zeta)^{i-1}} \lim_{u=0} \frac{d^{i-1}}{du^{i-1}} \int \frac{(\zeta' - \zeta)^i \, d\sigma'}{D(u)};$$

où, en passant à la limite pour $u = 0$, on peut supposer indifféremment soit $u > 0$, soit $u < 0$.

4. Revenons maintenant à S, qui est la valeur de $S(\varepsilon)$ pour $\varepsilon = 1$.

D'après la formule précédente nous aurons

$$S = \frac{1}{4\pi} \sum_{i=1}^{\infty} \frac{1}{i!} \frac{1}{(1 + \zeta)^{i-1}} \lim_{u=0} \frac{d^{i-1}}{du^{i-1}} \int \frac{(\zeta' - \zeta)^i \, d\sigma'}{D(u)},$$

et ce développement sera valable, toutes les fois que $G \leqq \frac{3}{4}$, l étant plus petit que 1, laquelle condition, d'après (6), est équivalente à

$$\frac{4}{3}\sqrt{\frac{\rho+1}{\rho}}\,g + l \leqq 1,$$

l et g étant des nombres positifs.

Or, sous la même condition, on peut développer la fonction

$$\frac{1}{(1+\zeta)^{i-1}}$$

suivant les puissances de ζ, ce qui conduira à un nouveau développement de S, savoir

$$S = \frac{1}{4\pi}\int\frac{(\zeta'-\zeta)\,d\sigma'}{D} + \frac{1}{4\pi}\sum_{i=2}^{\infty}\sum_{j=0}^{\infty}\frac{(i+j-2)!}{i!\,(i-2)!\,j!}(-\zeta)^j \lim_{u=0}\frac{d^{i-1}}{du^{i-1}}\int\frac{(\zeta'-\zeta)^i\,d\sigma'}{D(u)},$$

lequel sera encore absolument et uniformément convergent pour toutes les valeurs réelles de θ et ψ.

Il est d'ailleurs facile d'assigner des limites supérieures aux valeurs absolues des termes de ce développement.

A cet effet, reportons-nous à l'expression (7) et posons-y $\varepsilon = 1$. En y remplaçant ensuite G par son expression (6), développons le résultat suivant les puissances de l et g. Si alors on a

$$\frac{g}{\sqrt{\rho}}\,\frac{2-\sqrt{1-G}}{\sqrt{2\sqrt{1-G}-1}} = \sum C_{ij}\,g^i\,l^j,$$

il viendra

$$\frac{1}{4\pi}\,\frac{(i+j-2)!}{i!\,(i-2)!\,j!}\left|\zeta^j \lim_{u=0}\frac{d^{i-1}}{du^{i-1}}\int\frac{(\zeta'-\zeta)^i\,d\sigma'}{D(u)}\right| < C_{ij}\,g^i\,l^j.$$

Du reste, il est facile de voir que l'on aura

$$\frac{1}{4\pi}\,\frac{(i+j-2)!}{i!\,(i-2)!\,j!}\lim_{u=0}\int\left|\frac{d^{i-1}}{du^{i-1}}\,\frac{\delta^i}{D(u)}\right|d\sigma' < C_{ij}.$$

Nous ordonnerons le développement que nous venons d'obtenir suivant les ordres de ses termes, en réunissant en un même groupe tous les termes qui sont de même ordre par rapport aux valeurs de la fonction ζ. Nous aurons alors

$$S = S_1 + S_2 + S_3 + \cdots,$$

où

$$S_1 = \frac{1}{4\pi}\int \frac{(\zeta'-\zeta)\,d\sigma'}{D},$$

$$S_2 = \frac{1}{8\pi}\lim_{u=0}\frac{d}{du}\int \frac{(\zeta'-\zeta)^2\,d\sigma'}{D(u)},$$

$$S_3 = \frac{1}{24\pi}\lim_{u=0}\frac{d^2}{du^2}\int \frac{(\zeta'-\zeta)^3\,d\sigma'}{D(u)} - \frac{\zeta}{8\pi}\lim_{u=0}\frac{d}{du}\int \frac{(\zeta'-\zeta)^2\,d\sigma'}{D(u)}$$

et en général, pour $n \geqq 2$,

$$S_n = \frac{1}{4\pi}\sum \frac{(n-2)!(-\zeta)^{j-1}}{(i-1)!(i+1)!(j-1)!}\lim_{u=0}\frac{d^i}{du^i}\int \frac{(\zeta'-\zeta)^{i+1}\,d\sigma'}{D(u)},$$

la somme étant étendue à toutes les valeurs de i et de j qui appartiennent à la suite 1, 2, 3, ... et satisfont à l'égalité

$$i + j = n.$$

Cela posé, et en nous reportant à la formule (4), nous obtenons le développement cherché de U:

$$U = U_0 + U_1 + U_2 + \cdots,$$

dans lequel U_0 a la valeur signalée à la fin du n° 2, U_1 est donné par la formule

$$U_1 = \zeta U_0 + 2\Delta S_1$$

et les autres U_n s'expriment ainsi:

$$U_n = 2\Delta S_n.$$

5. Reportons-nous maintenant à l'équation (1), où nous poserons

$$\Omega = \Omega_0 + \eta,$$

en entendant par Ω_0 la valeur de Ω correspondant à l'ellipsoide E_0.

Cette équation s'écrira

$$(1+\zeta)\left[U_0 + (\Omega_0+\eta)(\rho + \cos^2\psi + q\sin^2\psi)\sin^2\theta\right] + 2\Delta(S_1 + S_2 + \cdots) = \text{const.}$$

Or, l'ellipsoïde E_0 étant une figure d'équilibre, on a

$$U_0 + \Omega_0(\rho + \cos^2\psi + q\sin^2\psi)\sin^2\theta = \text{const.},$$

où la constante du second membre est la valeur de U_0 pour $\theta = 0$, qui est égale à

$$\Delta\int_\rho^\infty\left(1 - \frac{\rho}{t}\right)\frac{dt}{\Delta(t)}.$$

Par suite, si nous posons

$$\frac{1}{2}\int_\rho^\infty\frac{dt}{\Delta(t)} = C, \qquad \frac{\rho}{2}\int_\rho^\infty\frac{dt}{t\Delta(t)} = R,$$

en sorte que R aura la même signification que dans la première Partie (p. 22), notre équation se réduira à

$$\eta(1+\zeta)(\rho + \cos^2\psi + q\sin^2\psi)\sin^2\theta + 2\Delta[(C - R)\zeta + S_1 + S_2 + \cdots] = \text{const.}$$

Remplaçons-y maintenant S_1 par sa valeur

$$\frac{1}{4\pi}\int\frac{(\zeta' - \zeta)\,d\sigma'}{D} = \frac{1}{4\pi}\int\frac{\zeta'\,d\sigma'}{D} - \frac{\zeta}{4\pi}\int\frac{d\sigma'}{D}.$$

En remarquant qu'on a

$$\int\frac{d\sigma'}{D} = 4\pi C,$$

nous aurons

$$(C - R)\zeta + S_1 = \frac{1}{4\pi}\int\frac{\zeta'\,d\sigma'}{D} - R\zeta,$$

et l'équation précédente pourra être mise sous la forme

$$R\zeta - \frac{1}{4\pi}\int\frac{\zeta'\,d\sigma'}{D} = W + \text{const.}, \tag{8}$$

où

$$W = \frac{\eta}{2\Delta}(1+\zeta)(\rho + \cos^2\psi + q\sin^2\psi)\sin^2\theta + S_2 + S_3 + \cdots.$$

Nous avons ainsi ramené l'équation fondamentale à une forme analogue à celle que nous lui avons donnée dans la première Partie. Mais les expressions des termes de la nouvelle forme sont plus simples que celles des termes de l'ancienne.

6. Sans restreindre la généralité, on peut assujettir la fonction ζ à certaines conditions complémentaires, relatives au volume et à la position de la figure d'équilibre par rapport aux axes coordonnés.

En exprimant que le volume de cette figure est égal au volume de l'ellipsoïde E_0, on aura

$$\int d\sigma \int_0^\zeta \sqrt{1+\xi}\, d\xi = 0,$$

ce qui se réduit à

$$\int \zeta\, d\sigma = -\frac{1}{4}\int \zeta^2 d\sigma + \frac{1}{24}\int \zeta^3 d\sigma - \frac{1}{64}\int \zeta^4 d\sigma + \ldots.$$

Du reste on peut faire, au sujet du volume, une autre hypothèse quelconque, car, ayant trouvé une solution de l'équation (8), soit

$$\zeta = \bar{\zeta},$$

on en déduira une solution plus générale:

$$\zeta = c + (1+c)\bar{\zeta},$$

où c est une constante arbitraire, dont on pourra disposer de manière à rendre le volume tel qu'on voudra.

On peut aussi remplacer la condition relative au volume par une condition relative à la valeur de l'intégrale

$$\int \zeta\, d\sigma,$$

ou bien encore, par une condition relative à la constante arbitraire qui figure au second membre de l'équation (8). On pourra donc attribuer à cette constante une valeur déterminée, telle qu'on voudra, pourvu qu'elle soit suffisamment petite.

Quant aux conditions relatives à la position de la figure d'équilibre par rapport aux axes coordonnés, le plus simple sera de supposer que deux plans coordonnés, celui des xy et l'un des deux autres, soient des plans de symétrie de cette figure. On sait, en effet, que toute figure d'équilibre admet au moins deux plans de symétrie, dont l'un est perpendiculaire à l'axe de rotation et les autres passent par cet axe. Donc, l'axe des z coïncidant avec l'axe de rotation, on pourra prendre pour le plan des xy et, par exemple, pour celui des xz les plans de symétrie de la figure.

Avec ce choix des plans coordonnés, ζ sera une fonction uniforme des arguments

$$\sin\theta\cos\psi \qquad \text{et} \qquad \cos^2\theta,$$

ce qu'on pourra, par suite, admettre, en traitant le problème, sans nuire à la généralité.

II. — Méthode de résolution du problème.

7. En traitant l'équation (8), nous prendrons pour une donnée du problème, comme nous l'avons fait dans la première Partie, non pas η, mais un certain paramètre α, dont η sera une fonction qu'il faudra déterminer en même temps que la fonction ζ. Mais, au lieu de chercher η et ζ simultanément, nous décomposerons le problème, comme auparavant, en deux, dont l'un consistera à déterminer ζ d'après une équation généralisée, α et η étant considérés comme des paramètres indépendants, et l'autre, à déterminer η en fonction de α. Du reste ce dernier problème ne différera pas, au fond, de celui dont nous nous sommes occupé dans les Parties précédentes, et c'est seulement du premier problème que nous aurons à nous occuper ici.

Quant à l'équation généralisée, qui remplacera l'équation (8), nous prendrons celle qui a été signalée dans la deuxième Partie (nº 63), et en la traitant nous suivrons la voie indiquée aux nºs 62, 63 et 64 de la Partie citée. Seulement les équations de la surface de la figure d'équilibre seront présentées à présent sous une autre forme.

8. Nous commencerons par le problème suivant:

Soit E un ellipsoïde de Maclaurin ou de Jacobi, défini par l'équation

$$\frac{x^2}{\rho+1}+\frac{y^2}{\rho+q}+\frac{z^2}{\rho}=1,$$

et supposons qu'on veuille chercher une figure f pouvant être rendue aussi peu différente de cet ellipsoïde qu'on veut et telle qu'on ait sur sa surface

$$(1)\qquad U+\Omega(x^2+y^2)=K\left(\frac{x^2}{\rho+1}+\frac{y^2}{\rho+q}+\frac{z^2}{\rho}\right)+\text{const.},$$

K étant une constante inconnue et Ω ayant la valeur correspondant à l'ellipsoïde E.

En représentant la surface de la figure f par les équations

$$x=\sqrt{1+\zeta}\,\sqrt{\rho+1}\,\sin\theta\cos\psi,$$
$$y=\sqrt{1+\zeta}\,\sqrt{\rho+q}\,\sin\theta\sin\psi,$$
$$z=\sqrt{1+\zeta}\,\sqrt{\rho}\,\cos\theta,$$

nous aurons sur cette surface

$$\frac{x^2}{\rho+1}+\frac{y^2}{\rho+q}+\frac{z^2}{\rho}=1+\zeta.$$

D'autre part, d'après ce que nous avons vu aux numéros précédents, et tenant compte de ce qu'on aura à présent

$$U_0+\Omega(\rho+\cos^2\psi+q\sin^2\psi)\sin^2\theta=2\Delta(C-R),$$

il viendra

$$U+\Omega(x^2+y^2)=2\Delta\left(\frac{1}{4\pi}\int\frac{\zeta'\,d\sigma'}{D}-R\zeta+S_2+S_3+\cdots\right)+\text{const.}$$

Par suite, si nous posons

$$\frac{K}{2\Delta}=L,$$

l'équation (1) prendra la forme

$$(2)\qquad R\zeta-\frac{1}{4\pi}\int\frac{\zeta'\,d\sigma'}{D}=W-L\zeta+\text{const.},$$

où

$$W=S_2+S_3+S_4+\cdots,$$

les S_i étant donnés par les formules du n° 4.

Nous aurons ainsi à résoudre l'équation (2), où L est une constante que l'on devra déterminer en même temps que la fonction ζ.

9. Nous prendrons pour une donnée du problème la racine carrée de l'intégrale

$$\int \zeta^2 d\sigma,$$

en posant

$$\pm \sqrt{\int \zeta^2 d\sigma} = \alpha,$$

et, pour fixer les idées, nous supposerons que le volume de la figure f soit égal au volume de l'ellipsoïde E, quel que soit α. D'ailleurs, en supposant que la fonction ζ soit uniforme et continue sur la surface de la sphère Σ, du moins si $|\alpha|$ est assez petit, nous ne considérerons que des solutions où la figure f admet, au moins, deux plans de symétrie, dont l'un coïncide avec le plan des xy, l'autre avec le plan des xz. Nous verrons qu'il y aura toujours une infinité de pareilles solutions, et ces solutions seules nous seront utiles dans ce qui va suivre.

En supposant que $|\alpha|$ soit assez petit, nous allons chercher la fonction ζ et la constante L sous la forme des séries procédant suivant les puissances entières et positives de α.

Posons donc

$$\zeta = \zeta_1 \alpha + \zeta_2 \alpha^2 + \zeta_3 \alpha^3 + \cdots,$$

$$L = L_0 + L_1 \alpha + L_2 \alpha^2 + \cdots,$$

et voyons comment on déterminera les fonctions ζ_i et les constantes L_i, que l'on suppose indépendantes de α.

En substituant l'expression précédente de ζ dans l'expression de W et en développant le résultat suivant les puissances de α, nous aurons un développement de la forme

$$W = W_2 \alpha^2 + W_3 \alpha^3 + W_4 \alpha^4 + \cdots,$$

où W_i ne dépendra que des fonctions

$$\zeta_1, \quad \zeta_2, \quad \ldots, \quad \zeta_{i-1}.$$

Cela posé, et en exprimant que l'équation (2) est satisfaite indépendamment de la valeur de α, nous obtiendrons les équations suivantes:

$$(3)\qquad (R+L_0)\zeta_1 - \frac{1}{4\pi}\int\frac{\zeta_1'\,d\sigma'}{D} = \text{const.},$$

$$(4)\qquad (R+L_0)\zeta_2 - \frac{1}{4\pi}\int\frac{\zeta_2'\,d\sigma'}{D} = W_2 - L_1\zeta_1 + \text{const.}$$

et, en général,

$$(5)\quad (R+L_0)\zeta_i - \frac{1}{4\pi}\int\frac{\zeta_i'\,d\sigma'}{D} = W_i - L_{i-1}\zeta_1 - L_{i-2}\zeta_2 - \dots - L_1\zeta_{i-1} + \text{const.},$$

où le second membre ne dépend que des fonctions

$$(6)\qquad \zeta_1,\quad \zeta_2,\quad \dots,\quad \zeta_{i-1}.$$

Mais, outre cela, nous aurons encore certaines équations de condition, résultant de notre définition de α et de la condition relative au volume de la figure f.

En effet, comme on a

$$\int\zeta^2\,d\sigma = \alpha^2,$$

il viendra

$$(7)\qquad \int\zeta_1^2\,d\sigma = 1,$$

$$(8)\qquad \int\zeta_2\zeta_1\,d\sigma = 0,$$

$$\int\zeta_3\zeta_1\,d\sigma = -\frac{1}{2}\int\zeta_2^2\,d\sigma$$

et, en général,

$$(9)\qquad \int\zeta_i\zeta_1\,d\sigma = M_i,$$

où M_i s'exprime par une intégrale ne dépendant que des fonctions (6).

D'autre part, la condition relative au volume, qui sera

$$\int d\sigma \int_0^\zeta \sqrt{1+\xi}\, d\xi = 0,$$

donne

$$(10) \qquad \int \zeta_1 d\sigma = 0,$$

$$\int \zeta_2 d\sigma = -\frac{1}{4}\int \zeta_1^2 d\sigma$$

et, en général,

$$(11) \qquad \int \zeta_i d\sigma = N_i,$$

N_i ne dépendant que des fonctions (6).

Signalons quelques conclusions qui découlent immédiatement de ces formules.

10. Tout d'abord, il est facile de voir que la constante figurant au second membre de l'équation (3) se réduit à zéro.

En effet, si l'on intègre le premier membre multiplié par $d\sigma$, en étendant l'intégration à toute la surface de la sphère Σ, on aura

$$(R+L_0-C)\int \zeta_1 d\sigma,$$

où C est la constante considérée au nº 5, et cette expression, d'après (10), se réduit à zéro.

Donc l'équation (3) peut être écrite ainsi:

$$\frac{1}{4\pi}\int \frac{\zeta_1' d\sigma'}{D} = (R+L_0)\zeta_1,$$

ou bien, en échangeant les rôles des points (θ,ψ) et (θ',ψ'),

$$\frac{1}{4\pi}\int \frac{\zeta_1 d\sigma}{D} = (R+L_0)\zeta_1'.$$

Cela posé, multiplions les deux membres de l'équation (4) par $\zeta_1 d\sigma$ et intégrons ensuite sur toute la surface de la sphère Σ. Tenant compte des égalités (7) et (10), nous aurons, en vertu de l'égalité ci-dessus,

$$L_1 = \int W_2 \zeta_1 d\sigma,$$

et cette formule permet de calculer L_1, si l'on a déjà déterminé la fonction ζ_1.

D'une manière générale, si l'on a déjà déterminé les constantes

$$L_1, \quad L_2, \quad \ldots, \quad L_{i-1}$$

et les fonctions

$$\zeta_1, \quad \zeta_2, \quad \ldots, \quad \zeta_i,$$

on pourra calculer la constante L_i.

En effet, en multipliant les deux membres de l'équation (5) par $\zeta_1 d\sigma$ et intégrant sur toute la surface de la sphère Σ, nous aurons, en vertu de (7), (9) et (10),

$$L_{i-1} = \int W_i \zeta_1 d\sigma - L_1 M_{i-1} - L_2 M_{i-2} - \cdots - L_{i-2} M_2,$$

ou bien, en remplaçant i par $i+1$,

$$L_i = \int W_{i+1} \zeta_1 d\sigma - L_1 M_i - L_2 M_{i-1} - \cdots - L_{i-1} M_2,$$

et dans cette dernière égalité, où d'ailleurs M_2 est nul en vertu de (8), le second membre ne dépend que des L_j et des ζ_j que nous venons d'indiquer.

Voyons maintenant comment on calculera L_0 et les fonctions ζ_i.

11. Soient

$$Y_{n,0}, \quad Y_{n,1}, \quad Y_{n,2}, \quad \ldots, \quad Y_{n,2n}$$

les $2n+1$ fonctions sphériques *élémentaires* d'ordre n, qui correspondent à l'ellipsoïde E, de sorte que, si E est un ellipsoïde de Maclaurin ($q = 1$),

$$Y_{n,2l} = P_{n,l}(\cos\theta)\cos l\psi, \qquad Y_{n,2l-1} = P_{n,l}(\cos\theta)\sin l\psi,$$

et, si c'est un ellipsoïde de Jacobi $(q < 1)$,

$$Y_{n,s} = E_{n,s}(\mu) E_{n,s}(\nu),$$

μ et ν étant les fonctions de θ et ψ définies par les équations

$$\sqrt{1-\mu^2}\sqrt{1-\nu^2} = \sqrt{1-q}\sin\theta\cos\psi,$$

$$\sqrt{q-\mu^2}\sqrt{\nu^2-q} = \sqrt{q(1-q)}\sin\theta\sin\psi,$$

$$\mu\nu = \sqrt{q}\cos\theta$$

avec les conditions

$$\mu^2 \leqq q, \qquad \sqrt{q} \leqq \nu \leqq 1.$$

Alors, d'après les formules de Liouville (**1**, n° 13), il viendra, avec les notations employées précédemment,

$$\int \frac{Y'_{n,s}\,d\sigma'}{D} = \frac{4\pi}{2n+1} \mathsf{E}_{n,s} \mathsf{F}_{n,s} Y_{n,s},$$

$Y'_{n,s}$ étant ce que devient $Y_{n,s}$ en y remplaçant θ et ψ par θ' et ψ'; et cette formule, où les notations correspondent au cas de $q < 1$, est encore valable si $q = 1$, auquel cas le produit $\mathsf{E}_{n,s}\mathsf{F}_{n,s}$, en y faisant $s = 2l$ ou $s = 2l - 1$, devient égal à $\mathsf{P}_{n,l}\mathsf{Q}_{n,l}$ (**1**, n° 14).

Cela posé, multiplions l'équation (3) par $Y_{n,s}\,d\sigma$ et intégrons sur toute la surface de la sphère Σ.

En posant, comme nous l'avons fait dans ce qui précède,

$$R - \frac{1}{2n+1} \mathsf{E}_{n,s} \mathsf{F}_{n,s} = T_{n,s},$$

nous aurons

$$(T_{n,s} + L_0) \int Y_{n,s} \zeta_1\, d\sigma = 0.$$

Donc, si la quantité $T_{n,s} + L_0$ était toujours différente de zéro, quelles que fussent les hypothèses qu'on peut faire au sujet de n et de s, l'intégrale

$$\int Y_{n,s} \zeta_1\, d\sigma \tag{12}$$

serait nulle pour toutes les valeurs de n et de s, et, par suite, la fonction ζ_1, qui doit être continue (puisque la fonction ζ a été supposée être continue, $|\alpha|$ étant assez petit), se réduirait identiquement à zéro (**1**, n° 15).

Or cela est impossible en vertu de (7).

Il faut donc que la quantité $T_{n,s} + L_0$ se réduise à zéro pour une certaine couple de valeurs de n et de s, telle que l'intégrale (12) puisse être différente de zéro.

Or, dans le cas de $n = s = 0$, cette intégrale est nulle en vertu de (10), puisque $Y_{0,0}$ est une constante.

D'autre part, par la propriété de la solution cherchée, qui doit être telle que les plans des xz et des xy soient des plans de symétrie pour la figure f, l'integrale (12) sera nulle, 1° si s est un nombre impair et 2° si, s étant pair, $n + \frac{s}{2}$ est impair.

En effet, si ladite propriété doit avoir lieu, comme nous le supposons, quel que soit α, tous les ζ_i doivent être des fonctions paires de ψ et, en même temps, des fonctions paires de $\cos\theta$; et $Y_{n,s}$, avec les notations que nous avons admises (**1**, n° 11), représente, si s est impair, une fonction impaire de ψ et, si $n + \frac{s}{2}$ est un entier impair, une fonction impaire de $\cos\theta$. On doit donc avoir, pour toutes les valeurs de i:

$$\int Y_{n,2l-1} \zeta_i \, d\sigma = 0,$$

quels que soient n et l, et

$$\int Y_{n,2l} \zeta_i \, d\sigma = 0,$$

toutes les fois que $n + l$ est un nombre impair.

D'après cela nous allons supposer que $T_{n,s} + L_0$ se réduit à zéro pour

$$n = m, \qquad s = 2k,$$

m étant différent de zéro et $m + k$ étant un nombre pair.

Nous aurons donc

$$L_0 = - T_{m,2k}.$$

Pour ne pas compliquer inutilement le problème, nous supposerons que, pour l'ellipsoïde considéré, $T_{m,2k}$ ne soit égal à aucun des autres $T_{n,2l}$ où $n + l$ est un nombre pair.

Alors c'est seulement dans le cas de $n=m$, $s=2k$ que l'intégrale (12) pourra ne pas être nulle, et, par suite, la fonction ζ_1 sera nécessairement de la forme

$$\zeta_1 = c Y_{m,2k},$$

c étant une constante. D'ailleurs, en nous reportant à l'égalité (7), nous aurons

$$\frac{1}{c} = \pm \sqrt{\int (Y_{m,2k})^2 d\sigma},$$

et quant au signe, nous pourrons le choisir arbitrairement, car cela revient à préciser la définition du paramètre α, dont le signe n'a pas été défini.

Pour simplifier l'écriture, nous omettrons les indices m et $2k$, de sorte que T et Y représenteront $T_{m,2k}$ et $Y_{m,2k}$. Alors, en posant

$$\int Y^2 d\sigma = \gamma$$

et en supposant la constante c positive, nous pourrons écrire

$$L_0 = -T, \qquad \zeta_1 = \frac{1}{\sqrt{\gamma}} Y.$$

12. Ayant ainsi déterminé la fonction ζ_1, nous pourrons, comme nous l'avons vu au n° 10, calculer la constante L_1 et, cette constante étant connue, nous aurons, d'après l'équation (4),

$$(T_{n,s} - T) \int Y_{n,s} \zeta_2 d\sigma = \int (W_2 - L_1 \zeta_1) Y_{n,s} d\sigma, \tag{13}$$

toutes les fois que n n'est pas nul.

Or, dans le cas de s impair, ainsi que dans celui de s pair, si $n + \frac{s}{2}$ est impair, le second membre se réduira à zéro.

En effet, W_2 n'est autre chose que S_2 où ζ est remplacé par ζ_1. On a donc (n° 4)

$$W_2 = \frac{1}{8\pi} \lim_{u=0} \frac{d}{du} \int \frac{(\zeta_1' - \zeta_1)^2 d\sigma'}{D(u)},$$

et cette expression représente une fonction paire, tant par rapport à ψ que par rapport à $\cos\theta$, car, ζ_1 étant une telle fonction (et, d'ailleurs, périodique par rapport à ψ à période 2π), la fonction

$$\frac{(\zeta_1' - \zeta_1)^2}{D(u)}$$

ne sera pas changée si l'on y remplace simultanément, soit ψ par $2\pi - \psi$ et ψ' par $2\pi - \psi'$, soit $\cos\theta$ par $-\cos\theta$ et $\cos\theta'$ par $-\cos\theta'$.

On pourra donc supposer que ζ_2 soit une fonction paire par rapport à ψ et par rapport à $\cos\theta$, et dès lors il n'y aura à considérer l'égalité (13) que dans le cas de s pair, où $n + \frac{s}{2}$ soit pair.

Posons donc dans cette égalité $s = 2l$, en supposant que $n + l$ soit un nombre pair.

Comme, par hypothèse, la différence $T_{n,2l} - T$ ne pourra être nulle que dans le cas de $n = m$, $l = k$, l'égalité (13) donnera les valeurs de toutes les intégrales de la forme

$$\int Y_{n,2l}\,\zeta_2\,d\sigma, \tag{14}$$

où n n'est pas nul et où l'on n'a pas simultanément $n = m$, $l = k$.

Quant au cas de $n = m$, $l = k$, l'égalité (13) se réduira à une identité, puisqu'on a

$$L_1 = \int W_2 \zeta_1 \, d\sigma = \frac{1}{\sqrt{\gamma}} \int W_2\, Y d\sigma.$$

Mais, dans ce cas, l'intégrale précédente sera nulle en vertu de (8).

Enfin, dans le cas de $n = 0$ (où l'on aura aussi $l = 0$), l'égalité (13) pourra ne pas avoir lieu, et l'intégrale (14) se calculera d'après la formule (11).

De cette façon toutes les intégrales de la forme (14) seront connues, et cela suffit pour définir complètement la fonction ζ_2, qui doit être continue sur la surface de la sphère Σ. Nous aurons d'ailleurs immédiatement le développement de cette fonction en une série de fonctions sphériques, laquelle série, comme nous le verrons plus loin, ne contiendra qu'un nombre limité de termes.

La fonction ζ_2 étant connue, on calculera la constante L_2, comme nous l'avons montré au n° 10, et l'on en viendra à la recherche de ζ_3.

13. D'une manière générale, supposons qu'on ait déjà déterminé les fonctions

$$\zeta_1, \quad \zeta_2, \quad \ldots, \quad \zeta_{i-1} \tag{15}$$

et les constantes

$$L_1, \quad L_2, \quad \ldots, \quad L_{i-1}.$$

On pourra alors déterminer toutes les intégrales de la forme

$$\int Y_{n,2l}\zeta_i d\sigma,$$

où $n+l$ est un nombre pair.

En effet, dans le cas de $n=m$, $l=k$, cette intégrale se calculera par la formule (9), dans le cas de $n=0$, $l=0$, par la formule (11) et, dans tous les autres cas, à l'aide de la formule

$$(T_{n,2l}-T)\int Y_{n,2l}\zeta_i d\sigma = \int (W_i - L_{i-1}\zeta_1 - \cdots - L_1\zeta_{i-1})\, Y_{n,2l}\, d\sigma,$$

qui résulte de l'équation (5), si n n'est pas nul, et qui, dans le cas de $n=m$, $l=k$, se réduit à une identité en vertu de la valeur de L_{i-1} (n° 10).

Quant à toutes les autres intégrales de la forme

$$\int Y_{n,s}\zeta_i d\sigma,$$

on pourra les supposer nulles, si les fonctions (15), tout en étant continues sur la surface de la sphère Σ, sont paires par rapport à ψ et par rapport à $\cos\theta$, car la fonction W_i sera alors dans le même cas. En effet, cette fonction est le coefficient du terme en α^i dans le développement suivant les puissances de α de l'expression qu'on déduit de la formule

$$S - S_1 = \frac{1+\zeta}{4\pi}\int d\sigma' \int_0^{Z} \frac{du}{D(u)} - \frac{1}{4\pi}\int \frac{(\zeta'-\zeta)\,d\sigma'}{D},$$

où $Z=\frac{\zeta'-\zeta}{1+\zeta}$, en y remplaçant ζ par la fonction

$$\zeta_1\alpha + \zeta_2\alpha^2 + \cdots + \zeta_{i-1}\alpha^{i-1},$$

qui est paire par rapport à ψ et par rapport à $\cos\theta$.

Par suite, les fonctions (15) étant paires par rapport à ψ et par rapport à $\cos\theta$, on pourra supposer que la fonction ζ_i le soit aussi, et dès lors cette fonction sera parfaitement déterminée.

Ayant ainsi montré comment on pourra déterminer les fonctions ζ_i et les constantes L_i, nous renverrons, pour ce qui concerne les détails des calculs, à la Section suivante.

14. Dans ce qui précède, nous avons pris pour α la racine carrée de l'intégrale

$$\int \zeta^2 d\sigma.$$

Mais on pourrait prendre pour ce paramètre une infinité d'autres expressions, sans que la méthode exposée fût essentiellement changée, car tout ce qui était essentiel se réduisait à ceci: l'intégrale

$$\int \zeta_1^2 d\sigma$$

avait une valeur déterminée non nulle et toute intégrale, telle que

$$\int \zeta_i \zeta_1 d\sigma,$$

pouvait être calculée, si l'on connaît les fonctions

$$\zeta_1, \quad \zeta_2, \quad \ldots, \quad \zeta_{i-1}.$$

Nous allons maintenant signaler une autre définition de α, qui, tout en satisfaisant à ces conditions, aura l'avantage d'être indépendante de la forme qu'on veut donner aux équations de la surface de la figure f.

Considérons l'expression

$$J = \int_{(f)} \left(\frac{x^2}{\rho+1} + \frac{y^2}{\rho+q} + \frac{z^2}{\rho} - 1 \right) d\tau - \int_{(E)} \left(\frac{x^2}{\rho+1} + \frac{y^2}{\rho+q} + \frac{z^2}{\rho} - 1 \right) d\tau,$$

où la première intégrale est étendue au volume de la figure f, la seconde, au volume de l'ellipsoïde E.

Il est facile de voir que, si l'on prend pour α la racine carrée de cette expression (qui est évidemment positive), les conditions précédentes seront remplies.

En effet, introduisons, au lieu de x, y, z, les variables ξ, θ, ψ du n° 2.

Nous aurons

$$J = \frac{\Delta}{2}\int d\sigma \int_0^\zeta \xi\sqrt{1+\xi}\, d\xi,$$

ou bien,

$$J = \frac{\Delta}{4}\int \left(\zeta^2 + \frac{1}{3}\zeta^3 - \frac{1}{16}\zeta^4 + \dots\right) d\sigma,$$

d'où résulte immédiatement ce que nous venons de dire.

On voit d'ailleurs que, si l'on pose

$$\frac{4J}{\Delta} = \alpha^2,$$

on aura, comme au n° 9,

$$\int \zeta_1^2 d\sigma = 1,$$

et les formules que nous avons obtenues subsisteront; seulement, dans les égalités de la forme

$$\int \zeta_i \zeta_1 d\sigma = M_i,$$

les M_i s'exprimeront d'une autre manière et, en particulier, M_2, au lieu d'être nul, sera donné par la formule

$$M_2 = -\frac{1}{6}\int \zeta_1^3 d\sigma,$$

ce qui n'est du reste d'aucune importance.

On pourra donc, si l'on veut, prendre

$$\alpha = \pm 2\sqrt{\frac{J}{\Delta}}.$$

15. Nous allons maintenant supposer que l'ellipsoïde E que nous avons considéré soit un ellipsoïde variable, différant peu d'un ellipsoïde fixe E_0 appartenant à la même série de figures d'équilibre ellipsoïdales.

En entendant par Ω_0 la valeur de Ω qui correspond à l'ellipsoïde E_0, nous poserons pour l'ellipsoïde E

$$\Omega = \Omega_0 + \eta.$$

En même temps, nous changerons de notation, en désignant par $\bar{\rho}$ et $\bar{q}$ ce que nous avons désigné par ρ et q, de sorte que les demi-axes de l'ellipsoïde E seront maintenant représentés par

$$\sqrt{\bar{\rho}+1}, \qquad \sqrt{\bar{\rho}+\bar{q}}, \qquad \sqrt{\bar{\rho}},$$

et, quant aux demi-axes de l'ellipsoïde E_0, nous les désignerons par

$$\sqrt{\rho+1}, \qquad \sqrt{\rho+q}, \qquad \sqrt{\rho}.$$

De cette façon ρ et q seront des nombres fixes, tandis que $\bar{\rho}$ et $\bar{q}$ seront des fonctions déterminées de η, tendant vers ρ et q pour $\eta = 0$. On sait que ces fonctions, $|\eta|$ étant assez petit, sont développables suivant les puissances entières et positives de η, sauf dans deux cas particuliers, qui ne sont pour ce qui va suivre d'aucun intérêt, et qui seront ici exclus*).

Avec ces notations, l'équation (1) s'écrira

$$(16) \qquad U + (\Omega_0+\eta)(x^2+y^2) = K\left(\frac{x^2}{\bar{\rho}+1} + \frac{y^2}{\bar{\rho}+\bar{q}} + \frac{z^2}{\bar{\rho}}\right) + \text{const.},$$

et, quant aux équations de la surface de la figure f, dont nous nous sommes servi dans ce qui précède, nous les écrirons à présent comme il suit:

$$x = \sqrt{1+\bar{\zeta}}\,\sqrt{\bar{\rho}+1}\,\sin\bar{\theta}\cos\bar{\psi},$$

$$y = \sqrt{1+\bar{\zeta}}\,\sqrt{\bar{\rho}+\bar{q}}\,\sin\bar{\theta}\sin\bar{\psi},$$

$$z = \sqrt{1+\bar{\zeta}}\,\sqrt{\bar{\rho}}\,\cos\bar{\theta},$$

de sorte que $\bar{\zeta}$ représentera la fonction qu'on déduit de la fonction ζ des numéros précédents en y remplaçant ρ, q, θ, ψ par $\bar{\rho}$, $\bar{q}$, $\bar{\theta}$, $\bar{\psi}$.

Or, au lieu de l'ellipsoïde E, nous allons à présent prendre l'ellipsoïde E_0 pour figure de comparaison, ce qui revient à représenter la surface de la figure f

*) Ces deux cas sont: 1° celui où E_0 est l'ellipsoïde de **Maclaurin**, correspondant au maximum de la vitesse angulaire, et 2° celui où E_0 est l'ellipsoïde de **Maclaurin**, par lequel on entre dans la série des ellipsoïdes de **Jacobi**.

par les équations

$$(17)\qquad \begin{cases} x = \sqrt{1+\zeta}\,\sqrt{\rho+1}\,\sin\theta\cos\psi, \\ y = \sqrt{1+\zeta}\,\sqrt{\rho+q}\,\sin\theta\sin\psi, \\ z = \sqrt{1+\zeta}\,\sqrt{\rho}\,\cos\theta, \end{cases}$$

où ζ est la fonction de θ et ψ qu'il faudra maintenant déterminer.

Voyons comment on pourra le faire, si la fonction $\bar{\zeta}$ est déjà connue. Nous devons pour cela résoudre les équations

$$\sqrt{1+\bar{\zeta}}\,\sqrt{\bar{\rho}+1}\,\sin\bar{\theta}\cos\bar{\psi} = \sqrt{1+\zeta}\,\sqrt{\rho+1}\,\sin\theta\cos\psi,$$

$$\sqrt{1+\bar{\zeta}}\,\sqrt{\bar{\rho}+\bar{q}}\,\sin\bar{\theta}\sin\bar{\psi} = \sqrt{1+\zeta}\,\sqrt{\rho+q}\,\sin\theta\sin\psi,$$

$$\sqrt{1+\bar{\zeta}}\,\sqrt{\bar{\rho}}\,\cos\bar{\theta} = \sqrt{1+\zeta}\,\sqrt{\rho}\,\cos\theta.$$

Or ces équations donnent

$$1+\bar{\zeta} = (1+\zeta)\left(\frac{\rho+1}{\bar{\rho}+1}\sin^2\theta\cos^2\psi + \frac{\rho+q}{\bar{\rho}+\bar{q}}\sin^2\theta\sin^2\psi + \frac{\rho}{\bar{\rho}}\cos^2\theta\right),$$

ce que nous écrirons comme il suit:

$$(18)\qquad 1+\bar{\zeta} = \frac{1+\zeta}{1+\zeta_0},$$

en posant

$$(19)\qquad \zeta_0 = \frac{\frac{\bar{\rho}-\rho}{\bar{\rho}+1}\sin^2\theta\cos^2\psi + \frac{\bar{\rho}-\rho+\bar{q}-q}{\bar{\rho}+\bar{q}}\sin^2\theta\sin^2\psi + \frac{\bar{\rho}-\rho}{\bar{\rho}}\cos^2\theta}{\frac{\rho+1}{\bar{\rho}+1}\sin^2\theta\cos^2\psi + \frac{\rho+q}{\bar{\rho}+\bar{q}}\sin^2\theta\sin^2\psi + \frac{\rho}{\bar{\rho}}\cos^2\theta},$$

et l'équation (18) fait voir que ζ_0 est ce que devient la fonction ζ quand la figure f se réduit à l'ellipsoïde E, car la fonction $\bar{\zeta}$ se réduit alors à zéro.

L'équation (18) donne

$$(20)\qquad \zeta = \zeta_0 + (1+\zeta_0)\bar{\zeta}$$

et, d'autre part, elle permet de présenter nos équations sous la forme

$$(21)\quad \left\{\begin{aligned} \sin\bar\theta\cos\bar\psi &= \sqrt{1+\zeta_0}\,\frac{\sqrt{\rho+1}}{\sqrt{\bar\rho+1}}\sin\theta\cos\psi,\\ \sin\bar\theta\,\sin\bar\psi &= \sqrt{1+\zeta_0}\,\frac{\sqrt{\rho+q}}{\sqrt{\bar\rho+\bar q}}\sin\theta\,\sin\psi,\\ \cos\bar\theta &= \sqrt{1+\zeta_0}\,\frac{\sqrt{\rho}}{\sqrt{\bar\rho}}\cos\theta. \end{aligned}\right.$$

Nous pouvons donc regarder notre problème comme résolu, car nous avons exprimé ζ en fonction de θ, ψ, $\bar\theta$, $\bar\psi$, et les formules (21) donnent $\bar\theta$ et $\bar\psi$ en fonction de θ et ψ.

Considérons de plus près les formules précédentes.

16. Nous avons déterminé la fonction $\bar\zeta$ sous la forme d'une série procédant suivant les puissances entières et positives d'un certain paramètre α et se réduisant à zéro pour $\alpha = 0$. Nous aurons donc

$$\bar\zeta = \bar\zeta_1\alpha + \bar\zeta_2\alpha^2 + \bar\zeta_3\alpha^3 + \cdots,$$

les $\bar\zeta_i$ étant des fonctions de $\bar\theta$ et $\bar\psi$ indépendantes de α.

D'après cela la formule (20) donnera

$$(22)\qquad \zeta = \zeta_0 + \zeta_1\alpha + \zeta_2\alpha^2 + \cdots,$$

où

$$\zeta_i = (1+\zeta_0)\bar\zeta_i.$$

Le premier terme de cette série, $|\eta|$ étant assez petit, est développable suivant les puissances entières et positives de η, comme on le voit par la formule (19), qui conduit à un développement de la forme

$$\zeta_0 = \zeta_{01}\eta + \zeta_{02}\eta^2 + \zeta_{03}\eta^3 + \cdots,$$

où les coefficients ζ_{0s} sont des fonctions entières des arguments

$$(23)\qquad \sin^2\theta\cos^2\psi \quad \text{et} \quad \cos^2\theta$$

dont le degré est égal au second indice s.

On voit aussi facilement que le second terme de la série (22) est encore développable suivant les puissances entières et positives de η.

En effet, si nous désignons la fonction sphérique $Y_{m,2k} = Y$, que nous avons introduite au nº 11, par $Y(\theta, \psi, q)$, nous aurons

$$\bar{\zeta}_1 = \frac{1}{\sqrt{\bar{\gamma}}} Y(\bar{\theta}, \bar{\psi}, \bar{q}),$$

$\bar{\gamma}$ étant ce que devient γ en y remplaçant q par $\bar{q}$. Donc $\bar{\zeta}_1$ sera une fonction entière (de degré m) des arguments

$$\sin\bar{\theta}\cos\bar{\psi} \qquad \text{et} \qquad \cos\bar{\theta},$$

dont les coefficients (qui ne dépendent pas évidemment du facteur constant arbitraire que peut renfermer la fonction Y) seront développables suivant les puissances entières et positives de η. Or ces arguments eux-mêmes sont développables suivant les puissances de η, comme le montrent les formules (21), qui conduisent aux développements de la forme

$$\sin\bar{\theta}\cos\bar{\psi} = (1 + u_1\eta + u_2\eta^2 + \cdots)\sin\theta\cos\psi,$$

$$\sin\bar{\theta}\sin\bar{\psi} = (1 + v_1\eta + v_2\eta^2 + \cdots)\sin\theta\sin\psi,$$

$$\cos\bar{\theta} = (1 + w_1\eta + w_2\eta^2 + \cdots)\cos\theta,$$

où les coefficients u_s, v_s, w_s, sont des fonctions entières des arguments (23) de degré s. Donc $\bar{\zeta}_1$, en l'exprimant en fonction de θ et ψ, sera encore développable suivant les puissances de η, et la formule

$$\zeta_1 = (1 + \zeta_0)\bar{\zeta}_1$$

donnera, par suite, un développement de la forme

$$\zeta_1 = \zeta_{10} + \zeta_{11}\eta + \zeta_{12}\eta^2 + \cdots.$$

On voit d'ailleurs que les coefficients ζ_{1s} seront des fonctions entières des arguments $\sin\theta\cos\psi$ et $\cos\theta$ dont le degré sera égal à $m + 2s$. En particulier, on aura

$$\zeta_{10} = \frac{1}{\sqrt{\gamma}} Y(\theta, \psi, q) = \frac{1}{\sqrt{\gamma}} Y.$$

Dans la Section suivante nous étudierons d'une manière générale les fonctions $\bar{\zeta}_i$ et, d'après les formules que nous y donnerons, il sera facile de conclure que, $|\eta|$ étant assez petit, toutes ces fonctions, exprimées à l'aide de θ et ψ, sont développables suivant les puissances entières et positives de η, pourvu que $T = T_{m,2k}$ ne soit égal, pour l'ellipsoïde E_0, à aucun des autres $T_{n,2l}$ pour lesquels $n+l$ est un nombre pair*). Donc, cette condition étant remplie, les fonctions ζ_i seront dans le même cas, de sorte que nous aurons

$$\zeta_i = \zeta_{i0} + \zeta_{i1}\eta + \zeta_{i2}\eta^2 + \cdots.$$

De cette façon nous sommes conduits à représenter la fonction ζ sous la forme

$$\zeta = \zeta_{10}\alpha + \zeta_{01}\eta + \zeta_{20}\alpha^2 + \zeta_{11}\alpha\eta + \zeta_{02}\eta^2 + \cdots = \sum \zeta_{rs}\alpha^r\eta^s,$$

quoique nous ne soyons pas encore en droit d'affirmer qu'une pareille représentation soit légitime.

Or, pour démontrer que, $|\alpha|$ et $|\eta|$ étant assez petits, cette série double converge et représente réellement la fonction ζ qu'il fallait déterminer, on pourra se servir des considérations tout analogues à celles que nous avons développées dans la première Partie. Mais pour cela, au lieu des formules précédentes, on devra partir de celles qui servent à calculer directement les fonctions ζ_{rs}. Voyons donc quelles sont les équations dont dépend le calcul de ces fonctions.

17. Reportons-nous à l'équation (16) et substituons-y, à la place de x, y, z, leurs expressions (17). D'après ce que nous avons vu au n° 5, nous aurons alors

$$U + (\Omega_0 + \eta)(x^2 + y^2) = 2\Delta\left(\frac{1}{4\pi}\int\frac{\zeta' d\sigma'}{D} - R\zeta + W\right) + \text{const.},$$

avec la même expression pour W qu'au numéro cité, et, d'autre part, il viendra

$$\frac{x^2}{\rho+1} + \frac{y^2}{\rho+q} + \frac{z^2}{\rho} = 1 + \frac{\zeta - \zeta_0}{1+\zeta_0}.$$

Donc l'équation (16) prendra la forme

$$(24) \qquad R\zeta - \frac{1}{4\pi}\int\frac{\zeta' d\sigma'}{D} = W - L\frac{\zeta-\zeta_0}{1+\zeta_0} + \text{const.},$$

*) Condition, qui sera certainement remplie dans le cas que nous avons en vue où T est nul pour l'ellipsoïde E_0, car nous avons montré dans la première Partie que, dans ce cas, les autres $T_{n,2l}$ où $n+l$ est pair seront tous différents de zéro.

en posant

$$\frac{K}{2\Delta} = L,$$

et, pour ce qui concerne W, l'on aura

$$W = \frac{\eta}{2\Delta}(1+\zeta)(\rho + \cos^2\psi + q\sin^2\psi)\sin^2\theta + S_2 + S_3 + \dots.$$

Nous devons ensuite introduire le paramètre α, pour lequel nous pouvons adopter soit la définition du n° 9, soit celle du n° 14.

Si nous nous arrêtons à cette dernière définition, nous aurons

$$\alpha = \pm 2\sqrt{\frac{J}{\overline{\Delta}}},$$

où $\overline{\Delta}$ est ce que devient Δ en y remplaçant ρ et q par $\overline{\rho}$ et $\overline{q}$, et où J, avec les notations actuelles, sera donné par la formule

$$J = \int_{(f)}\left(\frac{x^2}{\overline{\rho}+1} + \frac{y^2}{\overline{\rho}+\overline{q}} + \frac{z^2}{\overline{\rho}} - 1\right)d\tau - \int_{(E)}\left(\frac{x^2}{\overline{\rho}+1} + \frac{y^2}{\overline{\rho}+\overline{q}} + \frac{z^2}{\overline{\rho}} - 1\right)d\tau.$$

Comme, avec les variables ξ, θ, ψ du n° 2, on a

$$\frac{x^2}{\overline{\rho}+1} + \frac{y^2}{\overline{\rho}+\overline{q}} + \frac{z^2}{\overline{\rho}} - 1 = \frac{\xi-\zeta_0}{1+\zeta_0},$$

cette formule se réduit à

$$J = \frac{\Delta}{2}\int d\sigma \int_{\zeta_0}^{\zeta} \frac{\xi-\zeta_0}{1+\zeta_0}\sqrt{1+\xi}\,d\xi,$$

ou bien, en développant le radical suivant les puissances de $\xi-\zeta_0$ et intégrant par rapport à ξ,

$$J = \frac{\Delta}{4}\int \frac{(\zeta-\zeta_0)^2}{\sqrt{1+\zeta_0}}\left[1 + \frac{1}{3}\frac{\zeta-\zeta_0}{1+\zeta_0} - \frac{1}{16}\left(\frac{\zeta-\zeta_0}{1+\zeta_0}\right)^2 + \dots\right]d\sigma.$$

Nous aurons donc

$$\frac{\Delta}{\overline{\Delta}}\int \frac{(\zeta-\zeta_0)^2}{\sqrt{1+\zeta_0}}\left[1 + \frac{1}{3}\frac{\zeta-\zeta_0}{1+\zeta_0} - \frac{1}{16}\left(\frac{\zeta-\zeta_0}{1+\zeta_0}\right)^2 + \dots\right]d\sigma = \alpha^2.$$

Nous aurons du reste une équation de condition plus simple en adoptant la définition du n° 9.

D'après cette définition,

$$\alpha^2 = \int \bar{\zeta}^2 d\bar{\sigma},$$

où $d\bar{\sigma} = \sin\bar{\theta}\, d\bar{\theta}\, d\bar{\psi}$.

Or la formule (18) donne

$$\bar{\zeta} = \frac{\zeta - \zeta_0}{1 + \zeta_0},$$

et il ne reste qu'à exprimer l'élément superficiel $d\bar{\sigma}$ à l'aide des variables θ et ψ.

A cet effet, reportons-nous aux formules (21), où les premiers membres sont les expressions en $\bar{\theta}$ et $\bar{\psi}$ des coordonnées rectangulaires des points de la surface de la sphère définie par l'équation

$$x^2 + y^2 + z^2 = 1,$$

et remarquons que, si l'on exprime x, y, z en fonction de deux variables indépendantes u et v, on aura, pour l'élément de surface de cette sphère, l'expression

$$\pm \begin{vmatrix} x & y & z \\ \frac{\partial x}{\partial u} & \frac{\partial y}{\partial u} & \frac{\partial z}{\partial u} \\ \frac{\partial x}{\partial v} & \frac{\partial y}{\partial v} & \frac{\partial z}{\partial v} \end{vmatrix} du\, dv.$$

En tenant compte de cette remarque, on trouve d'après (21)

$$d\bar{\sigma} = \frac{\Delta}{\bar{\Delta}} (1 + \zeta_0)^{\frac{3}{2}} d\sigma.$$

Donc la définition du n° 9 conduit à l'équation

$$\frac{\Delta}{\bar{\Delta}} \int \frac{(\zeta - \zeta_0)^2}{\sqrt{1 + \zeta_0}} d\sigma = \alpha^2.$$

Nous aurons enfin une équation de condition relative au volume. Comme nous avons supposé que le volume de la figure f soit égal au volume de l'ellipsoïde E, cette équation sera

$$\int d\sigma \int_{\zeta_0}^{\zeta} \sqrt{1+\xi}\, d\xi = 0,$$

ce qui se réduit à

$$\int \left[\zeta - \zeta_0 + \tfrac{1}{4}(\zeta^2 - \zeta_0^2) - \tfrac{1}{24}(\zeta^3 - \zeta_0^3) + \cdots\right] d\sigma = 0.$$

Cela posé, nous allons chercher la fonction ζ et la constante L sous la forme des séries

$$\zeta = \sum \zeta_{rs}\alpha^r\eta^s, \qquad L = L_{00} + \sum L_{rs}\alpha^r\eta^s,$$

où les sommes sont étendues aux valeurs de r et s appartenant à la suite 0, 1, 2, 3, ... et satisfaisant à la condition

$$r + s \geqq 1.$$

18. En substituant l'expression que nous avons admise pour ζ dans l'expression de W et développant le résultat suivant les puissances de α et η, nous aurons

$$W = \sum W_{rs}\alpha^r\eta^s,$$

où W_{10} sera nul, comme on le voit par l'expression de W, et où W_{rs}, pour $r+s>1$, ne dépendra que des ζ_{ij} pour lesquels

$$(25) \qquad i \leqq r, \qquad j \leqq s, \qquad i+j < r+s.$$

D'autre part, tenant compte de ce que

$$\zeta_0 = \zeta_{01}\eta + \zeta_{02}\eta^2 + \zeta_{03}\eta^3 + \cdots$$

et en développant l'expression

$$L\frac{\zeta - \zeta_0}{1+\zeta_0}$$

suivant les puissances de α et η, nous aurons

$$L\frac{\zeta-\zeta_0}{1+\zeta_0} = \sum_{(r>0)} (L_{00}\zeta_{rs} + L_{r-1\,s}\zeta_{10} + Z_{rs})\alpha^r\eta^s,$$

où il n'y aura que des termes s'annulant pour $\alpha = 0$ et où Z_{rs} ne dépendra que des ζ_{ij} pour lesquels les conditions (25) sont remplies et des L_{ij} pour lesquels

$$(26) \qquad i \leqq r-1, \qquad j \leqq s, \qquad i+j < r+s-1.$$

Par suite, en se reportant à l'équation (24), on aura, pour déterminer les ζ_{rs}, les équations suivantes: dans le cas de $r=1$, $s=0$,

$$(27) \qquad R\zeta_{10} - \frac{1}{4\pi}\int \frac{\zeta'_{10}d\sigma'}{D} = -L_{00}\zeta_{10} + \text{const.}$$

et, dans tous les autres cas où r n'est pas nul,

$$(28) \qquad R\zeta_{rs} - \frac{1}{4\pi}\int \frac{\zeta'_{rs}d\sigma'}{D} = W_{rs} - L_{00}\zeta_{rs} - L_{r-1\,s}\zeta_{10} - Z_{rs} + \text{const.}$$

Quant aux ζ_{0s}, nous pouvons les regarder comme connus, puisque ce sont les coefficients du développement de l'expression (19) suivant les puissances de η.

Nous pouvons aussi considérer comme connus tous les ζ_{1s} (nº 16); mais il nous suffira de connaître la fonction ζ_{10}, pour laquelle nous avons obtenu au nº 16 l'expression

$$\zeta_{10} = \frac{1}{\sqrt{\gamma}} Y,$$

Y étant une notation abrégée de la fonction sphérique $Y_{m,2k}$ (nº 11).

En partant de cette expression pour ζ_{10}, en vertu de laquelle l'équation (27) donne

$$L_{00} = -T_{m,2k} = -T,$$

nous n'aurons à considérer que les équations du type (28), en supposant

$$r > 0, \qquad r+s > 1.$$

Mais à ces équations il faudra adjoindre les équations de condition qui résultent de la définition de α et de la condition relative au volume. Il est évident que ces équations de condition seront de la forme

$$(29) \qquad \int \zeta_{10}\zeta_{rs}\,d\sigma = M_{rs},$$

$$(30) \qquad \int \zeta_{rs}\,d\sigma = N_{rs},$$

où M_{rs} et N_{rs} sont des quantités dont les valeurs seront connues, dès qu'on connaîtra toutes les fonctions ζ_{ij} pour lesquelles les conditions (25) sont remplies.

Nous supposerons que la quantité $T_{m,2k}$ ne soit égale, pour l'ellipsoïde E_0, à aucune des autres $T_{n,2l}$ pour lesquelles $n+l$ est un nombre pair.

Alors, les fonctions ζ_{rs} étant assujetties à la condition d'être paires par rapport à ψ et par rapport à $\cos\theta$, le problème sera parfaitement déterminé.

En effet, supposons que toutes les fonctions ζ_{ij}, pour lesquelles les conditions (25) sont remplies, ainsi que toutes les constantes L_{ij}, pour lesquelles les conditions (26) sont remplies, soient déjà connues et reportons-nous à l'équation (28), en y remplaçant L_{00} par sa valeur $-T$.

En multipliant les deux membres par $Y d\sigma$ et intégrant sur toute la surface de la sphère Σ, nous aurons

$$\sqrt{\gamma}\, L_{r-1s} = \int (W_{rs} - Z_{rs})\, Y d\sigma.$$

Donc la constante L_{r-1s} sera connue.

Multiplions ensuite les deux membres de l'équation (28) par $Y_{n,2l} d\sigma$ et intégrons sur toute la surface de la sphère Σ. En supposant que n ne soit pas nul, nous aurons

$$(T_{n,2l} - T) \int \zeta_{rs} Y_{n,2l} d\sigma = \int (W_{rs} - L_{r-1s}\zeta_{10} - Z_{rs})\, Y_{n,2l} d\sigma,$$

et cela donnera la valeur de l'intégrale

$$\int \zeta_{rs} Y_{n,2l} d\sigma$$

dans tous les cas où $n+l$ est un nombre pair, sauf dans les cas de $n=m$, $l=k$ et de $n=l=0$. Or, en ce qui concerne ces deux cas, la valeur de l'intégrale se calculera à l'aide des formules (29) et (30).

Par suite, la fonction ζ_{rs}, qui doit être paire par rapport à ψ et par rapport à $\cos\theta$, sera complètement définie.

De cette façon, connaissant tous les ζ_{ij} et tous les L_{i-1j}, où i et j vérifient les conditions (25), on pourra déterminer la constante L_{r-1s} et la fonction ζ_{rs}.

Donc, la constante L_{00} et les fonctions ζ_{0s}, ainsi que la fonction ζ_{10}, étant connues, on pourra déterminer successivement

$$\begin{array}{llll} L_{10},\ \zeta_{20}; & L_{01},\ \zeta_{11}; & & \\ L_{20},\ \zeta_{30}; & L_{11},\ \zeta_{21}; & L_{02},\ \zeta_{12}; & \\ L_{30},\ \zeta_{40}; & L_{21},\ \zeta_{31}; & L_{12},\ \zeta_{22}; & L_{03},\ \zeta_{13}; \\ \dots\dots & \dots\dots & \dots\dots & \dots\dots \quad \dots \end{array}$$

On pourra aussi déterminer ces constantes et ces fonctions dans la succession suivante;

$$\begin{array}{llll} L_{00},\ \zeta_{10}; & L_{10},\ \zeta_{20}; & L_{20},\ \zeta_{30}; & \dots; \\ L_{01},\ \zeta_{11}; & L_{11},\ \zeta_{21}; & L_{21},\ \zeta_{31}; & \dots; \\ L_{02},\ \zeta_{12}; & L_{12},\ \zeta_{22}; & L_{22},\ \zeta_{32}; & \dots; \\ \dots\dots & \dots\dots & \dots\dots & \dots, \end{array}$$

en prenant dans toutes les lignes le même nombre de couples composées d'une constante et d'une fonction.

19. Il nous reste encore à examiner la question sur la légitimité des développements que nous avons employés.

Or on pourra traiter cette question de la même manière que celle que nous avons considérée dans la première Partie. Nous pouvons donc nous borner ici à quelques indications sommaires.

Supposons qu'on ait trouvé deux suites indéfinies de nombres positifs

$$l_{10},\quad l_{01},\quad l_{20},\quad l_{11},\quad l_{02},\quad \dots,$$

$$g_{10},\quad g_{01},\quad g_{20},\quad g_{11},\quad g_{02},\quad \dots,$$

telles que les séries

$$\sum l_{rs}\,\alpha^r\eta^s \qquad \text{et} \qquad \sum g_{rs}\,\alpha^r\eta^s$$

soient convergentes, tant que $|\alpha|$ et $|\eta|$ sont au-dessous de certains nombres positifs, et, en outre, telles que l'on ait

$$|\zeta_{rs}| < l_{rs}, \qquad |\zeta'_{rs} - \zeta_{rs}| < \delta g_{rs},$$

quels que soient les valeurs réelles des arguments θ, ψ de ζ_{rs} et des arguments θ', ψ' de ζ'_{rs}, δ étant la distance entre les points (θ, ψ) et (θ', ψ') de la surface de la sphère Σ.

Alors, si nous posons

$$l = \sum l_{rs} |\alpha|^r |\eta|^s, \qquad g = \sum g_{rs} |\alpha|^r |\eta|^s,$$

en supposant $|\alpha|$ et $|\eta|$ assez petits pour que ces séries convergent, les conditions que nous avons imposées à la fonction ζ au n° 1 seront remplies.

Si d'ailleurs nous prenons $|\alpha|$ et $|\eta|$ suffisamment petits pour qu'on ait

$$\frac{4}{3}\sqrt{\frac{\rho+1}{\rho}}\,g + l \leq 1,$$

le développement

$$S = S_1 + S_2 + S_3 + \cdots$$

que nous avons obtenu au n° 4 sera valable, et les termes de ce développement, en y remplaçant ζ par son expression

$$\sum \zeta_{rs} \alpha^r \eta^s,$$

pourront être développés suivant les puissances de α et η.

Nous obtiendrons ainsi un développement de S suivant les puissances de α et η, et ce développement, sous la condition signalée, sera encore valable. En effet, d'après ce que nous avons vu au n° 4, les termes de ce développement seront en valeurs absolues inférieurs aux termes correspondants du développement suivant les puissances de $|\alpha|$ et $|\eta|$ de l'expression

$$\frac{g}{\sqrt{\rho}}\,\frac{2-\sqrt{1-G}}{\sqrt{2\sqrt{1-G}-1}}, \qquad \text{où} \qquad G = \sqrt{\frac{\rho+1}{\rho}}\,\frac{g}{1-l}.$$

Par suite, $|\alpha|$ et $|\eta|$ étant assez petits, le développement

$$W = \sum W_{rs} \alpha^r \eta^s$$

dont nous nous sommes servi sera valable et représentera une série absolument et uniformément convergente sur la surface de la sphère Σ.

De là il est facile de conclure que, $|\alpha|$ et $|\eta|$ étant assez petits, la constante L sera développable, comme nous l'avons admis, suivant les puissances de α et η.

En effet, reportons-nous à l'équation (24), que l'on peut écrire comme il suit:

$$R(\zeta-\zeta_0) - \frac{1}{4\pi}\int \frac{(\zeta'-\zeta_0')\,d\sigma'}{D} = W - W_0 - L\,\frac{\zeta-\zeta_0}{1+\zeta_0} + \text{const.},$$

W_0 étant ce que devient W pour $\zeta = \zeta_0$.

En multipliant les deux membres par $Y d\sigma$, intégrons sur la surface de la sphère Σ. Il viendra

$$T\int (\zeta-\zeta_0)\,Y d\sigma = \int (W - W_0)\,Y d\sigma - L\int \frac{\zeta-\zeta_0}{1+\zeta_0}\,Y d\sigma.$$

Or les trois intégrales qui figurent ici, $|\alpha|$ et $|\eta|$ étant assez petits, sont développables suivant les puissances entières et positives de α et η. D'ailleurs ces intégrales s'annulent pour $\alpha = 0$ et l'expression

$$\frac{1}{\alpha}\int \frac{\zeta-\zeta_0}{1+\zeta_0}\,Y d\sigma$$

se réduit, pour $\alpha = \eta = 0$, à

$$\int \zeta_{10}\,Y d\sigma = \sqrt{\gamma}.$$

Donc la valeur de L, qui résulte de cette équation, sera encore développable suivant les puissances entières et positives de α et η, si ces paramètres sont assez petits en valeur absolue.

De cette façon on voit que tout revient à démontrer l'existence des suites de nombres l_{rs} et g_{rs} jouissant des propriétés indiquées, et cela se démontrera en appliquant à l'équation (28) les considérations développées dans la première Partie (n°s 22 — 26 et 70), ce qui demande seulement qu'on connaisse des fonctions majorantes pour les développements suivant les puissances de α et η de la fonction W et de l'expression

$$\frac{W' - W}{\delta}. \tag{31}$$

Or, pour ce qui concerne W, une fonction majorante se déduit de ce que nous avons montré plus haut. On voit, en effet, que l'on peut prendre pour une telle fonction l'expression

$$\frac{\rho+1}{2\Delta}(1+l)|\eta|+\frac{g}{\sqrt{\rho}}\left(\frac{2-\sqrt{1-G}}{\sqrt{2\sqrt{1-G}-1}}-1\right).$$

Et, quant à la fonction majorante pour l'expression (31), on pourra la construire en se servant des considérations tout analogues à celles que nous avons exposées au n° 29 de la première Partie.

De cette manière il sera démontré que les séries

$$\sum \zeta_{rs}\alpha^r\eta^s \qquad \text{et} \qquad L_{00}+\sum L_{rs}\alpha^r\eta^s$$

sont convergentes, si $|\alpha|$ et $|\eta|$ sont assez petits, et qu'elles représentent une fonction ζ et une constante L satisfaisant à l'équation (24).

20. Nous avons vu au n° 18 qu'en déterminant les fonctions ζ_{rs} on peut commencer par calculer les ζ_{r0} jusqu'à une valeur arbitrairement choisie de l'indice r et qu'en suite on peut calculer successivement les ζ_{r1}, les ζ_{r2} et ainsi de suite, jusqu'à la même valeur de r.

Or, les ζ_{r0} étant connus, pour déterminer les autres ζ_{rs}, il sera plus simple de recourir à la méthode du n° 16.

Si, en calculant les ζ_{r0}, on n'attribue pas à ρ et q les valeurs particulières correspondant à l'ellipsoïde E_0, il suffit de remplacer, dans les expressions de ces fonctions, ρ et q par $\overline{\rho}$ et $\overline{q}$, en remplaçant ensuite $\sin\theta\cos\psi$ et $\cos\theta$ (dont les ζ_{r0} seront des fonctions uniformes) par

$$\sqrt{1+\zeta_0}\,\frac{\sqrt{\rho+1}}{\sqrt{\overline{\rho}+1}}\sin\theta\cos\psi \qquad \text{et} \qquad \sqrt{1+\zeta_0}\,\frac{\sqrt{\rho}}{\sqrt{\overline{\rho}}}\cos\theta,$$

pour avoir les fonctions $\overline{\zeta}_r$ du n° 16. On obtiendra ensuite ζ_{rs} en développant l'expression

$$(1+\zeta_0)\overline{\zeta}_r$$

suivant les puissances de η et en déterminant le coefficient du terme en η^s.

De même, en connaissant les constantes L_{r0}, il sera facile d'en déduire toutes les constantes L_{rs}.

En effet, si nous désignons par $\overline{L}$ la constante que nous avons désignée au n° 8 par L, nous aurons évidemment

$$\overline{L}=\frac{K}{2\overline{\Delta}}$$

et, pour la constante L qui figure dans l'équation (24), on a

$$L = \frac{K}{2\Delta}.$$

Nous aurons donc

$$L = \frac{\bar{\Delta}}{\Delta}\bar{L}$$

et, par suite, en développant suivant les puissances de α,

$$L = \frac{\bar{\Delta}}{\Delta}(\bar{L}_0 + \bar{L}_1\alpha + \bar{L}_2\alpha^2 + \cdots),$$

$\bar{L}_r$ étant ce que nous avons désigné au n° 9 par L_r.

De là on voit que les L_{rs} seront donnés par les formules

$$L_{rs} = \frac{1}{1.2\ldots s}\frac{1}{\Delta}\left(\frac{d^s\bar{\Delta}\bar{L}_r}{d\Omega^s}\right)_{\Omega=\Omega_0}.$$

Or $\bar{L}_r$ n'est autre chose que L_{r0} où ρ et q sont remplacés par $\bar{\rho}$ et $\bar{q}$. Nous pouvons donc écrire cette égalité comme il suit:

$$L_{rs} = \frac{1}{1.2\ldots s}\frac{1}{\Delta}\frac{d^s\Delta L_{r0}}{d\Omega^s},$$

en considérant ρ et q comme fonctions de Ω, d'après les équations qui définissent la série considérée de figures ellipsoïdales d'équilibre, et en convenant de poser, après la formation de la dérivée, $\Omega = \Omega_0$.

De cette façon, comme on a

$$L_{00} = -T,$$

on aura, en particulier,

$$L_{0s} = -\frac{1}{1.2\ldots s}\frac{1}{\Delta}\frac{d^s\Delta T}{d\Omega^s}. \tag{32}$$

Ainsi l'on voit que, pour déterminer tous les ζ_{rs} et les L_{rs}, il suffit de déterminer les ζ_{r0} et les L_{r0}, ce qui revient à résoudre le problème dont nous nous sommes occupé aux n°s 8 — 14.

21. Si l'on pose dans l'équation (24) $L = 0$, cette équation se réduira à l'équation (8) du nº 5. Donc la figure f se réduira à une figure d'équilibre.

Or, pour qu'on puisse satisfaire à l'équation $L = 0$, $|\alpha|$ et $|\eta|$ pouvant être rendus aussi petits qu'on veut, il faut que L_{00} soit nul.

Nous supposerons donc à présent que l'on ait pour l'ellipsoïde E_0

$$T_{m,2k} = 0. \tag{33}$$

Alors l'équation $L = 0$ prendra la forme

$$L_{10}\alpha + L_{01}\eta + L_{20}\alpha^2 + L_{11}\alpha\eta + L_{02}\eta^2 + \cdots = 0, \tag{34}$$

et, si α et η sont liés par cette équation, l'expression

$$\zeta = \sum \zeta_{rs}\alpha^r\eta^s \tag{35}$$

conviendra à une figure d'équilibre.

D'ailleurs cette figure sera certainement une figure non ellipsoïdale, car pour une figure ellipsoïdale on a $\alpha = 0$, et cette valeur de α, η n'étant pas nul, ne satisfait pas à l'équation (34), puisque le coefficient L_{01} ne sera jamais nul. En effet, d'après (32), on a

$$L_{01} = -\frac{1}{\Delta}\frac{d\Delta T}{d\Omega},$$

ou bien, en vertu de (33),

$$L_{01} = -\frac{dT}{d\Omega},$$

ce qui n'est jamais nul, comme nous l'avons montré dans la première Partie (nºs 35 et 44).

Le coefficient L_{01} n'étant pas nul, on pourra résoudre l'équation (34) par rapport à η et l'on obtiendra ainsi, pour η, une expression sous la forme d'une série procédant suivant les puissances entières et positives de α, laquelle série sera absolument convergente, si $|\alpha|$ est assez petit.

En substituant cette expression de η dans la formule (35), on obtiendra une expression explicite de la fonction ζ correspondant à une figure d'équilibre, et l'on voit que, $|\alpha|$ étant assez petit, cette expression pourra être présentée sous la forme d'une série procédant suivant les puissances entières et positives de α.

Donc le problème des figures d'équilibre pourra être regardé comme résolu.

III. — Analyse des calculs.

22. Nous allons maintenant examiner les calculs qu'on doit effectuer en cherchant les fonctions ζ_{rs}.

D'après ce que nous venons de voir, il suffit de nous arrêter à la recherche des fonctions ζ_{r0}. Mais, pour qu'on puisse en déduire les expressions de tous les autres ζ_{rs}, il ne faudra pas, pendant les calculs, tenir compte de l'équation $T=0$, qu'on suppose avoir lieu pour l'ellipsoïde E_0.

Vu cela, en cherchant les ζ_{r0}, nous ne ferons aucune hypothèse au sujet des paramètres ρ et q. Mais ensuite, pour en déduire les autres ζ_{rs}, il faudra tenir compte de ce que ρ et q vérifient les équations caractérisant la série considérée de figures ellipsoïdales d'équilibre, équations en vertu desquelles ρ et q seront des fonctions déterminées de Ω. Quant enfin à l'équation $T=0$, il ne faudra la faire intervenir qu'après avoir achevé le calcul.

Comme la recherche des ζ_{r0} et des L_{r0} est équivalente à la recherche des fonctions ζ_r et des constantes L_r du n° 9, nous allons nous occuper des formules des n°s 9 — 13.

Nous poserons donc

$$L_0 = -T, \qquad \zeta_1 = \frac{1}{\sqrt{\gamma}} Y$$

et, en partant de ces formules, nous allons chercher les autres ζ_r, qui, avec les constantes L_s, doivent satisfaire aux équations de la forme

$$(R-T)\zeta_r - \frac{1}{4\pi}\int \frac{\zeta_r' d\sigma'}{D} = W_r - L_{r-1}\zeta_1 - L_{r-2}\zeta_2 - \cdots - L_1\zeta_{r-1} + \text{const.}$$

Nous supposerons, comme nous l'avons déjà fait, que tous les ζ_r soient des fonctions paires tant par rapport à ψ que par rapport à $\cos\theta$.

En présentant ζ_r sous la forme d'une série procédant suivant les fonctions sphériques, cela revient à supposer que cette série ne contient que les fonctions $Y_{n,2l}$, où d'ailleurs $n+l$ est un nombre pair.

Nous avons vu que, si les fonctions

$$\zeta_1, \quad \zeta_2, \quad \ldots, \quad \zeta_{r-1}$$

sont déjà connues, les constantes

$$L_1, \quad L_2, \quad \ldots, \quad L_{r-1}$$

le seront encore, et que l'équation précédente permettra de calculer tous les coefficients de la série représentant ζ_r, sauf deux, ceux dont seront affectées les fonctions $Y = Y_{m,2k}$ et $Y_{0,0}$.

Pour déterminer ces deux coefficients, nous nous sommes servi des équations de condition résultant de la définition de α et de la condition relative au volume. Mais à présent il sera inutile d'introduire ces équations, et nous ne les considérerons pas. Par suite, les deux coefficients dont il s'agit resteront indéterminés, et l'on pourra leur attribuer des valeurs particulières telles qu'on voudra.

Du reste, ayant trouvé des expressions particulières quelconques pour les ζ_r, on pourra en déduire les expressions générales. A cet effet l'on posera

$$\zeta = c + (1 + c)(\zeta_1 \mathrm{A} + \zeta_2 \mathrm{A}^2 + \zeta_3 \mathrm{A}^3 + \cdots),$$

en entendant par c et A des séries de la forme

$$c = c_1 \alpha + c_2 \alpha^2 + c_3 \alpha^3 + \cdots,$$

$$\mathrm{A} = a_1 \alpha + a_2 \alpha^2 + a_3 \alpha^3 + \cdots,$$

où les c_i et les a_i sont des constantes arbitraires. Si alors on développe cette expression de ζ suivant les puissances de α, les coefficients représenteront les expressions générales des ζ_r.

Cela posé, venons à l'examen des calculs.

23. Tout d'abord nous avons à calculer la fonction ζ_2, qui dépend de l'équation

$$(1) \qquad (R - T)\zeta_2 - \frac{1}{4\pi}\int \frac{\zeta_2' d\sigma'}{D} = W_2 - L_1 \zeta_1 + \text{const.},$$

où, d'après l'expression de S_2 (nº 4),

$$(2) \qquad W_2 = \frac{1}{8\pi} \lim_{u=0} \frac{d}{du} \int \frac{(\zeta_1' - \zeta_1)^2 d\sigma'}{D(u)},$$

et où l'on a

$$L_1 = \frac{1}{\sqrt{\gamma}} \int W_2 Y d\sigma.$$

Pour cela, il suffit de développer la fonction W_2 en une série de fonctions sphériques du type des fonctions $Y_{n,s}$ définies au n° 11. Voyons donc comment on pourra obtenir ce développement et quelle en sera la nature.

Nous avons déjà observé que, dans la formule (2), en passant à la limite, on peut supposer indifféremment soit $u > 0$, soit $u < 0$. Mais nous allons présenter maintenant cette formule sous la forme

$$W_2 = \frac{1}{8\pi} \lim \frac{d}{du} \int \frac{\zeta_1'^2 d\sigma'}{D(u)} - \frac{\zeta_1}{4\pi} \lim \frac{d}{du} \int \frac{\zeta_1' d\sigma'}{D(u)} + \frac{\zeta_1^2}{8\pi} \lim \frac{d}{du} \int \frac{d\sigma'}{D(u)},$$

où les trois termes dépendront de l'hypothèse qu'on veut adopter au sujet de u. Par suite, en calculant ces termes, il faudra faire telle ou telle hypothèse à l'égard de u, et cette hypothèse doit être la même pour tous les termes.

Pour fixer les idées, nous supposerons $u > 0$.

Alors le point ayant pour coordonnées rectangulaires

$$\frac{\sqrt{\rho + 1}}{\sqrt{1+u}} \sin\theta \cos\psi, \qquad \frac{\sqrt{\rho + q}}{\sqrt{1+u}} \sin\theta \sin\psi, \qquad \frac{\sqrt{\rho}}{\sqrt{1+u}} \cos\theta$$

sera intérieur à l'ellipsoïde considéré, et, dans ce cas, l'intégrale

$$\int \frac{d\sigma'}{D(u)}$$

ne dépendra pas de u.

Par suite, dans notre hypothèse, le dernier terme disparaîtra et l'expression de W_2 se réduira à

$$W_2 = \frac{1}{8\pi} \lim \frac{d}{du} \int \frac{\zeta_1'^2 d\sigma'}{D(u)} - \frac{\zeta_1}{4\pi} \lim \frac{d}{du} \int \frac{\zeta_1' d\sigma'}{D(u)}.$$

On a dans cette formule

$$\zeta_1 = \frac{1}{\sqrt{\gamma}} Y,$$

et l'on doit commencer par développer le carré de cette fonction en une série de fonctions sphériques, ce qui conduira à un résultat de la forme

$$\zeta_1^2 = \sum g_{n,l} Y_{n,2l},$$

où n et l seront des nombres pairs et n ne dépassera pas $2m$.

Cela étant, la recherche de l'intégrale

$$\int \frac{\zeta_1'^2 d\sigma'}{D(u)}$$

se ramènera à l'évaluation des intégrales telles que

$$\int \frac{Y'_{n,2l}}{D(u)} d\sigma',$$

et cette évaluation se fera tout de suite, si l'on introduit, au lieu des variables u, θ, ψ, les variables v, Θ, Ψ à l'aide des équations

$$(3) \quad \begin{cases} \sqrt{v+1}\sin\Theta\cos\Psi = \dfrac{\sqrt{\rho+1}}{\sqrt{1+u}}\sin\theta\cos\psi, \\ \sqrt{v+q}\sin\Theta\sin\Psi = \dfrac{\sqrt{\rho+q}}{\sqrt{1+u}}\sin\theta\sin\psi, \\ \sqrt{v}\cos\Theta = \dfrac{\sqrt{\rho}}{\sqrt{1+u}}\cos\theta. \end{cases}$$

En effet, en mettant en évidence les arguments de la fonction $Y_{n,2l}$, de sorte qu'on aura par exemple

$$Y'_{n,2l} = Y_{n,2l}(\theta', \psi'),$$

et tenant compte de ce que, u étant positif, v sera inférieur à ρ, nous aurons d'après les formules de Liouville (**1**, n° 13)

$$\int \frac{Y'_{n,2l}}{D(u)} d\sigma' = \frac{4\pi}{2n+1} \mathsf{E}_{n,2l}(v) \mathsf{F}_{n,2l}(\rho)\, Y_{n,2l}(\Theta, \Psi).$$

Or il est facile d'exprimer cette formule à l'aide des variables u, θ, ψ.

Posons pour cela

$$(4) \quad \sqrt{\rho+1}\sin\theta\cos\psi = x, \quad \sqrt{\rho+q}\sin\theta\sin\psi = y, \quad \sqrt{\rho}\cos\theta = z$$

et rappelons que le produit

$$\mathsf{E}_{n,2l}(\rho)\, Y_{n,2l}(\theta, \psi),$$

si l'on y remplace ρ, θ, ψ par leurs valeurs résultant de ces équations, devient une fonction rationnelle entière des arguments x, y, z.

Formons donc cette fonction entière, que nous désignerons par $\Pi_{n,l}(x, y, z)$, et qui sera de degré n.

Nous aurons alors pour le produit

$$\mathsf{E}_{n,2l}(v)\, Y_{n,2l}(\Theta, \Psi)$$

l'expression

$$\Pi_{n,l}\left(\sqrt{v+1}\, \sin\Theta \cos\Psi,\ \sqrt{v+q}\, \sin\Theta \sin\Psi,\ \sqrt{v}\, \cos\Theta\right)$$

et, par suite, d'après (3), il viendra

$$\mathsf{E}_{n,2l}(v)\, Y_{n,2l}(\Theta, \Psi) = \Pi_{n,l}\left(\frac{x}{\sqrt{1+u}}, \frac{y}{\sqrt{1+u}}, \frac{z}{\sqrt{1+u}}\right).$$

Nous aurons donc

$$\int \frac{Y'_{n,2l}}{D(u)}\, d\sigma' = \frac{4\pi}{2n+1}\, \mathsf{F}_{n,2l}\, \Pi_{n,l}\left(\frac{x}{\sqrt{1+u}}, \frac{y}{\sqrt{1+u}}, \frac{z}{\sqrt{1+u}}\right),$$

en écrivant $\mathsf{F}_{n,2l}$ au lieu de $\mathsf{F}_{n,2l}(\rho)$.

De cette façon notre intégrale est exprimée en fonction de u, θ, ψ, et l'on voit qu'elle représente une fonction entière de degré n des arguments

$$\frac{\sin\theta \cos\psi}{\sqrt{1+u}}, \qquad \frac{\sin\theta \sin\psi}{\sqrt{1+u}}, \qquad \frac{\cos\theta}{\sqrt{1+u}}.$$

En écrivant, pour abréger, $\Pi_{n,l}(u)$ au lieu de

$$\Pi_{n,l}\left(\frac{x}{\sqrt{1+u}}, \frac{y}{\sqrt{1+u}}, \frac{z}{\sqrt{1+u}}\right),$$

et en remarquant que

$$\frac{d\Pi_{n,l}(u)}{du} = -\frac{1}{2(1+u)}\left[x\frac{\partial \Pi_{n,l}(u)}{\partial x} + y\frac{\partial \Pi_{n,l}(u)}{\partial y} + z\frac{\partial \Pi_{n,l}(u)}{\partial z}\right],$$

nous aurons ensuite

$$\lim \frac{d}{du}\int \frac{Y'_{n,2l}\, d\sigma'}{D(u)} = -\frac{2\pi}{2n+1}\left(x\frac{\partial \Pi_{n,l}}{\partial x} + y\frac{\partial \Pi_{n,l}}{\partial y} + z\frac{\partial \Pi_{n,l}}{\partial z}\right)\mathsf{F}_{n,2l},$$

où $\Pi_{n,l}$ est une notation abrégée de la fonction

$$\Pi_{n,l}(0) = \Pi_{n,l}(x,y,z);$$

et l'on aura de même

$$\lim \frac{d}{du}\int \frac{Y'\,d\sigma'}{D(u)} = -\frac{2\pi}{2m+1}\left(x\frac{\partial \Pi}{\partial x} + y\frac{\partial \Pi}{\partial y} + z\frac{\partial \Pi}{\partial z}\right)\mathsf{F},$$

où $\Pi = \Pi(x,y,z)$ est une transformée d'après les équations (4) de la fonction

$$\mathsf{E}Y = \mathsf{E}_{m,2k}(\rho)\,Y_{m,2k}(\theta,\psi),$$

de sorte que c'est un polynome entier en x, y, z de degré m.

D'après cela il viendra

$$W_2 = -\sum \frac{g_{n,l}\,\mathsf{F}_{n,2l}}{4(2n+1)}\left(x\frac{\partial \Pi_{n,l}}{\partial x} + y\frac{\partial \Pi_{n,l}}{\partial y} + z\frac{\partial \Pi_{n,l}}{\partial z}\right)$$
$$+\frac{\mathsf{F}}{2(2m+1)}\,\frac{Y}{\gamma}\left(x\frac{\partial \Pi}{\partial x} + y\frac{\partial \Pi}{\partial y} + z\frac{\partial \Pi}{\partial z}\right),$$

et la question revient à développer les expressions telles que

$$x\frac{\partial \Pi_{n,l}}{\partial x} + y\frac{\partial \Pi_{n,l}}{\partial y} + z\frac{\partial \Pi_{n,l}}{\partial z},$$

ainsi que le produit

$$\left(x\frac{\partial \Pi}{\partial x} + y\frac{\partial \Pi}{\partial y} + z\frac{\partial \Pi}{\partial z}\right)Y,$$

en des séries de fonctions sphériques.

Comme les expressions

$$x\frac{\partial \Pi_{n,l}}{\partial x} + y\frac{\partial \Pi_{n,l}}{\partial y} + z\frac{\partial \Pi_{n,l}}{\partial z} \quad \text{et} \quad x\frac{\partial \Pi}{\partial x} + y\frac{\partial \Pi}{\partial y} + z\frac{\partial \Pi}{\partial z}$$

sont des fonctions entières de x, y, z, la première de degré n, la seconde de degré m, et que n ne dépasse pas $2m$, on voit que ces séries ne contiendront qu'un nombre limité de termes et que W_2 se présentera définitivement sous la forme

$$W_2 = \sum C_{n,l}\,Y_{n,2l}, \cdot$$

où n ne dépassera pas $2m$. D'ailleurs, dans tous les termes de cette série, les indices n et l seront, comme précédemment, des nombres pairs.

Si m est un nombre pair, cette série pourra renfermer un terme en $Y_{m,2k} = Y$. Mais ce terme sera égal à $L_1 \zeta_1$, puisque c'est par cette condition que la constante L_1 a été déterminée. Par suite, le second membre de l'équation (1) ne contiendra pas de pareil terme et cette équation pourra s'écrire

$$(R - T)\zeta_2 - \frac{1}{4\pi}\int \frac{\zeta_2' \, d\sigma'}{D} = \sum{}' C_{n,l} Y_{n,2l} + \text{const.},$$

l'accent dont est affecté le signe $\sum$ servant à indiquer que le terme où $n = m$, $l = k$, s'il se rencontre dans W_2, doit être rejeté.

Cela étant, il viendra

$$\zeta_2 = \sum{}' \frac{C_{n,l}}{T_{n,2l} - T} Y_{n,2l} + CY + C_0,$$

où C et C_0 sont des constantes arbitraires.

De cette façon on voit que ζ_2 sera donné par une suite finie de fonctions sphériques et que ce sera une fonction rationnelle entière de degré $2m$ des arguments

$$\sin\theta\cos\psi \quad \text{et} \quad \cos\theta,$$

où le second argument ne figurera qu'à des puissances paires. Si $C = 0$, le premier argument n'y figurera non plus qu'à des puissances paires, et il en sera de même quel que soit C, si m est un nombre pair.

24. En supposant que la fonction ζ_2 soit connue, venons à l'évaluation de ζ_3.

Cette fonction se calculera par l'équation

$$(5) \qquad (R - T)\zeta_3 - \frac{1}{4\pi}\int \frac{\zeta_3' \, d\sigma'}{D} = W_3 - L_2\zeta_1 - L_1\zeta_2 + \text{const.},$$

où W_3 est le coefficient de α^3 dans le développement de la somme $S_2 + S_3$ dont les termes sont donnés par les formules du n° 4, d'après lesquelles on trouve

$$W_3 = \frac{1}{24\pi} \lim \frac{d^2}{du^2} \int \frac{(\zeta_1' - \zeta_1)^3 \, d\sigma'}{D(u)} + \frac{1}{4\pi} \lim \frac{d}{du} \int \frac{(\zeta_1' - \zeta_1)(\zeta_2' - \zeta_2) \, d\sigma'}{D(u)} - \zeta_1 W_2.$$

Quant à la constante L_2, elle sera donnée par la formule

$$L_2 = \frac{1}{\sqrt{\gamma}} \int (W_3 - L_1 \zeta_2)\, Y d\sigma,$$

et, avec cette valeur de L_2, le second membre de l'équation (5), développé suivant les fonctions sphériques $Y_{n,2l}$, ne contiendra pas le terme en Y.

Nous supposerons, comme précédemment, $u > 0$.

Alors il viendra

$$\frac{d^2}{du^2}\int \frac{(\zeta_1' - \zeta_1)^3 d\sigma'}{D(u)} = \frac{d^2}{du^2}\int \frac{\zeta_1'^3 d\sigma'}{D(u)} - 3\zeta_1 \frac{d^2}{du^2}\int \frac{\zeta_1'^2 d\sigma'}{D(u)} + 3\zeta_1^2 \frac{d^2}{du^2}\int \frac{\zeta_1' d\sigma'}{D(u)},$$

$$\frac{d}{du}\int \frac{(\zeta_1' - \zeta_1)(\zeta_2' - \zeta_2)\, d\sigma'}{D(u)} = \frac{d}{du}\int \frac{\zeta_1'\zeta_2' d\sigma'}{D(u)} - \zeta_1 \frac{d}{du}\int \frac{\zeta_2' d\sigma'}{D(u)} - \zeta_2 \frac{d}{du}\int \frac{\zeta_1' d\sigma'}{D(u)},$$

ce qui, outre les intégrales

$$\int \frac{\zeta_1' d\sigma'}{D(u)} \quad \text{et} \quad \int \frac{\zeta_1'^2 d\sigma'}{D(u)}$$

que nous avons déjà considérées, dépend de celles-ci

$$\int \frac{\zeta_1'^3 d\sigma'}{D(u)}, \qquad \int \frac{\zeta_1'\zeta_2' d\sigma'}{D(u)}, \qquad \int \frac{\zeta_2' d\sigma'}{D(u)}.$$

Pour évaluer ces trois intégrales, on se servira du développement obtenu de la fonction ζ_2 en une série de fonctions $Y_{n,2l}$ et l'on développera en de pareilles séries les fonctions ζ_1^3 et $\zeta_1\zeta_2$. On sera ainsi amené à l'évaluation des intégrales de la forme

$$\int \frac{Y'_{n,2l}}{D(u)}\, d\sigma'$$

et l'on aura, comme précédemment,

$$\int \frac{Y'_{n,2l}}{D(u)}\, d\sigma' = \frac{4\pi}{2n+1}\, \mathsf{F}_{n,2l}\, \Pi_{n,l}\left(\frac{x}{\sqrt{1+u}}, \frac{y}{\sqrt{1+u}}, \frac{z}{\sqrt{1+u}}\right),$$

$\Pi_{n,l}(x, y, z)$ étant une fonction entière de x, y, z de degré n en laquelle se transforme le produit

$$\mathsf{E}_{n,2l}(\rho)\, Y_{n,2l}(\theta, \psi)$$

lorsqu'on y remplace les variables ρ, θ, ψ par les variables x, y, z d'après les équations (4).

Cela étant, on formera les dérivées premières et secondes de ces intégrales par rapport à u et l'on passera ensuite à la limite pour $u = 0$.

On aura alors, comme précédemment,

$$\lim \frac{d}{du} \int \frac{Y'_{n,2l}}{D(u)} d\sigma' = -\frac{2\pi}{2n+1} \left(x \frac{\partial \Pi_{n,l}}{\partial x} + y \frac{\partial \Pi_{n,l}}{\partial y} + z \frac{\partial \Pi_{n,l}}{\partial z} \right) \mathsf{F}_{n,2l}$$

et l'on trouvera de même

$$\lim \frac{d^2}{du^2} \int \frac{Y'_{n,2l}}{D(u)} d\sigma' = \frac{3\pi}{2n+1} \left(x \frac{\partial \Pi_{n,l}}{\partial x} + y \frac{\partial \Pi_{n,l}}{\partial y} + z \frac{\partial \Pi_{n,l}}{\partial z} \right) \mathsf{F}_{n,2l} + \frac{\pi}{2n+1} \left(x \frac{\partial}{\partial x} + y \frac{\partial}{\partial y} + z \frac{\partial}{\partial z} \right)^2 \Pi_{n,l} \, \mathsf{F}_{n,2l},$$

en employant, pour une expression de la forme

$$x^2 \frac{\partial^2 V}{\partial x^2} + y^2 \frac{\partial^2 V}{\partial y^2} + z^2 \frac{\partial^2 V}{\partial z^2} + 2yz \frac{\partial^2 V}{\partial y \, \partial z} + 2zx \frac{\partial^2 V}{\partial z \, \partial x} + 2xy \frac{\partial^2 V}{\partial x \, \partial y},$$

la notation symbolique

$$\left(x \frac{\partial}{\partial x} + y \frac{\partial}{\partial y} + z \frac{\partial}{\partial z} \right)^2 V.$$

Dans ces formules,

$$x \frac{\partial \Pi_{n,l}}{\partial x} + y \frac{\partial \Pi_{n,l}}{\partial y} + z \frac{\partial \Pi_{n,l}}{\partial z} \quad \text{et} \quad \left(x \frac{\partial}{\partial x} + y \frac{\partial}{\partial y} + z \frac{\partial}{\partial z} \right)^2 \Pi_{n,l}$$

sont des fonctions entières de x, y, z de degré n, où y et z ne figurent qu'à des puissances paires (puisque nous ne considérons que les fonctions $Y_{n,2l}$ où $n+l$ est un nombre pair). Ce seront donc, en faisant abstraction de ρ, des fonctions entières de degré n des arguments

$$(6) \qquad \sin\theta \cos\psi \quad \text{et} \quad \cos\theta,$$

où le second argument ne figurera qu'à des puissances paires.

D'après cela, et tenant compte de ce que les développements de ζ_1^3 et $\zeta_1\zeta_2$ ne contiendront que les $Y_{n,2l}$ pour lesquels n ne dépasse pas $3m$, ou voit que

$$\lim \frac{d^2}{du^2}\int \frac{\zeta_1'^3 d\sigma'}{D(u)} \quad \text{et} \quad \lim \frac{d}{du}\int \frac{\zeta_1'\zeta_2' d\sigma'}{D(u)}$$

seront des fonctions entières de degré $3m$ des arguments (6), où le second argument ne figurera qu'à des puissances paires.

On voit ensuite facilement qu'il en sera aussi de même des expressions

$$\lim \frac{d^2}{du^2}\int \frac{(\zeta_1'-\zeta_1)^3 d\sigma'}{D(u)}, \quad \lim \frac{d}{du}\int \frac{(\zeta_1'-\zeta_1)(\zeta_2'-\zeta_2) d\sigma'}{D(u)}, \quad \zeta_1 W_2,$$

et que, par suite, W_3 sera encore une fonction entière de degré $3m$ des arguments (6), paire par rapport à $\cos\theta$.

Ayant obtenu cette fonction, on la développera en une série de fonctions sphériques, et l'on aura

$$W_3 = \sum C'_{n,l}\, Y_{n,2l},$$

où $n+l$ sera un nombre pair et n ne dépassera pas $3m$.

On aura ensuite, pour le second membre de l'équation (5), l'expression suivante:

$$\sum{}' C'_{n,l}\, Y_{n,2l} - L_1 \sum{}' \frac{C_{n,l}}{T_{n,2l}-T}\, Y_{n,2l} + \text{const.},$$

dans laquelle, en faisant les sommations, on ne doit pas poser simultanément $n=m$, $l=k$, ce qui est indiqué par un accent relatif à $\sum$.

Enfin l'équation (5) donnera

$$\zeta_3 = \sum{}' \frac{C'_{n,l}}{T_{n,2l}-T}\, Y_{n,2l} - L_1 \sum{}' \frac{C_{n,l}}{(T_{n,2l}-T)^2}\, Y_{n,2l} + C'Y + C'_0,$$

où C' et C'_0 sont des constantes arbitraires.

On voit donc que ζ_3 se représentera par une suite finie de fonctions sphériques et que ce sera une fonction entière de degré $3m$ des arguments (6), où le second argument ne figurera qu'à des puissances paires.

Si m est un nombre pair, le premier argument n'y figurera non plus qu'à des puissances paires.

Quant au cas de m impair, il pourra y figurer tant à des puissances paires qu'à des puissances impaires. Mais on pourra toujours faire en sorte qu'il n'y figure qu'à des puissances impaires: il suffira pour cela de supposer nulles la constante C de l'expression de ζ_2 et la constante C_0' de l'expression de ζ_3.

25. Il est inutile de pousser plus loin cette discussion, et l'on peut immédiatement énoncer la conclusion suivante:

Toute fonction ζ_r, quel que soit r, se représentera par une suite finie de fonctions sphériques et se réduira à une fonction rationnelle entière de deux arguments

$$\sin\theta\cos\psi \quad \text{et} \quad \cos\theta$$

de degré rm. Dans cette fonction, le deuxième argument ne figurera qu'à des puissances paires, et il en sera de même du premier argument si m est un nombre pair. Quant au cas de m impair, le premier argument pourra y figurer tant à des puissances paires qu'à des puissances impaires, mais on pourra toujours faire en sorte qu'il n'y figure, pour r pair, qu'à des puissances paires, pour r impair, qu'à des puissances impaires: il suffit pour cela de supposer nulle toute intégrale de la forme

$$\int \zeta_r Y d\sigma$$

où r est un nombre pair, ainsi que toute intégrale de la forme

$$\int \zeta_r d\sigma$$

où r est un nombre impair.

D'ailleurs le calcul des fonctions ζ_r se fera toujours par un même procédé qui ne demandera que le développement en des séries de fonctions sphériques (du type des fonctions $Y_{n,2l}$) des fonctions entières des arguments $\sin\theta\cos\psi$ et $\cos\theta$, et ces fonctions entières se réduiront soit à des produits de fonctions sphériques, soit à des expressions de la forme

$$\left(x\frac{\partial}{\partial x} + y\frac{\partial}{\partial y} + z\frac{\partial}{\partial z}\right)^s \Pi_{n,l}(x, y, z), \tag{7}$$

où $\Pi_{n,l}(x, y, z)$ est une fonction entière de x, y, z en laquelle se transforme le produit

$$\mathsf{E}_{n,2l}(\rho)\, Y_{n,2l}(\theta, \psi)$$

lorsqu'on y remplace les variables ρ, θ, ψ par les variables x, y, z d'après les équations

$$\sqrt{\rho+1}\sin\theta\cos\psi = x, \qquad \sqrt{\rho+q}\sin\theta\sin\psi = y, \qquad \sqrt{\rho}\cos\theta = z.$$

26. Considérons de plus près les expressions de la forme (7) et voyons comment on les développera en des suites de fonctions sphériques.

Commençons par le cas de $s=1$.

On sait que la fonction entière $\Pi_{n,l}(x, y, z)$ satisfait à l'équation de Laplace

$$\frac{\partial^2 V}{\partial x^2}+\frac{\partial^2 V}{\partial y^2}+\frac{\partial^2 V}{\partial z^2}=0.$$

Par suite, la fonction

$$V_{n,l}=x\frac{\partial \Pi_{n,l}}{\partial x}+y\frac{\partial \Pi_{n,l}}{\partial y}+z\frac{\partial \Pi_{n,l}}{\partial z}$$

y satisfera encore.

Cela posé, soit ρ_0 une valeur particulière quelconque de ρ et soit

(8) $$\sum_{i,j} a_{i,j}\, Y_{i,2j}$$

le développement de la fonction à laquelle se réduit la fonction $V_{n,l}$ pour $\rho=\rho_0$.

La fonction $V_{n,l}$, qui est un polynôme entier en x, y, z, représentera ainsi une fonction harmonique à l'intérieur de l'ellipsoïde $\rho=\rho_0$, se réduisant, sur la surface de cet ellipsoïde, à l'expression (8).

Par suite, nous aurons, pour une valeur quelconque de ρ,

$$V_{n,l}=\sum a_{i,j}\frac{\mathsf{E}_{i,2j}(\rho)}{\mathsf{E}_{i,2j}(\rho_0)}Y_{i,2j}.$$

De cette façon, en posant

$$\frac{a_{i,j}}{\mathsf{E}_{i,2j}(\rho_0)}=\binom{n,l}{i,j},$$

puisque $a_{i,j}$ dépend non seulement de i et de j, mais encore de n et de l, nous aurons

(9) $$x\frac{\partial \Pi_{n,l}}{\partial x}+y\frac{\partial \Pi_{n,l}}{\partial y}+z\frac{\partial \Pi_{n,l}}{\partial z}=\sum_{i,j}\binom{n,l}{i,j}\mathsf{E}_{i,2j}\,Y_{i,2j},$$

où les coefficients $\binom{n,l}{i,j}$ ne dépendront point de ρ, mais pourront dépendre de q.

Nous donnerons plus loin les expressions de ces coefficients, et à présent, en les supposant connus, voyons comment on développera une expression quelconque de la forme (7).

Pour abréger, nous désignerons l'opération

$$x\frac{\partial}{\partial x} + y\frac{\partial}{\partial y} + z\frac{\partial}{\partial z}$$

par $\mathbf{D}$, de sorte que, avec la notation symbolique employée, l'expression (7) s'écrira $\mathbf{D}^s \Pi_{n,l}$, et en même temps nous poserons

$$\mathbf{D}\mathbf{D}V = \mathbf{D}_2 V, \qquad \mathbf{D}\mathbf{D}_2 V = \mathbf{D}_3 V, \qquad \mathbf{D}\mathbf{D}_3 V = \mathbf{D}_4 V$$

et ainsi de suite.

Cela étant, nous aurons évidemment

$$\mathbf{D}^{s+1} V = \mathbf{D}\mathbf{D}^s V - s\,\mathbf{D}^s V,$$

ce qui, en faisant successivement $s = 1, 2, 3, \ldots$, donne

$$\begin{aligned}
\mathbf{D}^2 V &= \mathbf{D}_2 V - \mathbf{D} V,\\
\mathbf{D}^3 V &= \mathbf{D}\mathbf{D}^2 V - 2\mathbf{D}^2 V\\
&= \mathbf{D}_3 V - 3\mathbf{D}_2 V + 2\mathbf{D} V,\\
\mathbf{D}^4 V &= \mathbf{D}\mathbf{D}^3 V - 3\mathbf{D}^3 V\\
&= \mathbf{D}_4 V - 6\mathbf{D}_3 V + 11\mathbf{D}_2 V - 6\mathbf{D} V,\\
&\ldots\ldots\ldots\ldots\ldots\ldots\ldots\ldots,
\end{aligned}$$

de sorte que toute expression de la forme $\mathbf{D}^s V$ s'exprimera par des expressions de la forme $\mathbf{D}_i V$.

De cette façon la question revient à chercher les développements des expressions telles que $\mathbf{D}_s \Pi_{n,l}$, et cela se fera à l'aide de la formule (9), car cette formule, que l'on peut écrire

$$\mathbf{D}\Pi_{n,l} = \sum_{i,j} \binom{n,l}{i,j} \Pi_{i,j},$$

donne

$$\mathbf{D}_s \Pi_{n,l} = \sum_{i,j} \binom{n,l}{i,j} \mathbf{D}_{s-1} \Pi_{i,j}.$$

On pourra donc développer successivement

$$\mathbf{D}\Pi_{n,l}, \quad \mathbf{D}_2\Pi_{n,l}, \quad \mathbf{D}_3\Pi_{n,l}, \quad \ldots$$

en se servant toujours de la formule (9).

27. Voyons maintenant ce qu'on peut dire au sujet des coefficients $\binom{n,l}{i,j}$.

Tout d'abord, comme l'expression $\mathbf{D}\Pi_{n,l}$ représente un polynôme entier en x, y, z de degré n, le développement (9) ne contiendra que les $Y_{i,2j}$ pour lesquels $i \leqq n$. On aura donc

$$\binom{n,l}{i,j} = 0,$$

toutes les fois que $i > n$.

Il est ensuite facile de voir que l'on aura

$$\binom{n,l}{n,j} = 0,$$

si j n'est pas égal à l, et que

$$\binom{n,l}{n,l} = n.$$

En effet, soit $\Pi^{(i)}$ la fonction entière et homogène en x, y, z de degré i qui représente l'ensemble de termes de degré i dans la fonction $\Pi_{n,l}$. Nous aurons

$$\Pi_{n,l} = \Pi^{(n)} + \Pi^{(n-1)} + \Pi^{(n-2)} + \cdots,$$

et de là il vient

$$\begin{aligned}\mathbf{D}\Pi_{n,l} &= n\Pi^{(n)} + (n-1)\Pi^{(n-1)} + (n-2)\Pi^{(n-2)} + \cdots \\ &= n\Pi_{n,l} - \Pi^{(n-1)} - 2\Pi^{(n-2)} - \cdots.\end{aligned}$$

Par suite, le développement de la fonction

$$\Pi^{(n-1)} + 2\Pi^{(n-2)} + \cdots$$

ne pouvant contenir que les $Y_{i,2j}$ où $i < n$, l'expression

$$n\Pi_{n,l} = n\mathbf{E}_{n,2l}Y_{n,2l}$$

représentera l'ensemble de termes du développement (9) où $i = n$. On aura donc bien les égalités ci-dessus.

Du reste, par les proprietés connues des fonctions $Y_{n,2l}$, on aura

$$\Pi^{(n-1)} = \Pi^{(n-3)} = \Pi^{(n-5)} = \cdots = 0,$$

d'où l'on voit que $\binom{n,l}{i,j}$ sera nul, toutes les fois que $n-i$ est un nombre impair. Il en sera d'ailleurs de même, si $l-j$ est impair.

De cette façon la formule (9) pourra être écrite comme il suit:

$$\mathbf{D}\Pi_{n,l} = n\Pi_{n,l} + \sum_{i<n-1} \binom{n,l}{i,j} \Pi_{i,j}, \tag{10}$$

en supposant que i et j ne reçoivent que des valeurs pour lesquelles $n-i$ et $l-j$ sont des nombres pairs.

28. Pour déterminer les coefficients $\binom{n,l}{i,j}$, il suffit de considérer la formule (10) pour une valeur particulière de ρ. Profitons de cette remarque, en nous arrêtant d'abord au cas des ellipsoïdes de révolution.

En posant $q = 1$, nous aurons

$$x = \sqrt{\rho+1}\sin\theta\cos\psi, \qquad y = \sqrt{\rho+1}\sin\theta\sin\psi, \qquad z = \sqrt{\rho}\cos\theta,$$

et, d'après ces formules, il viendra

$$x\frac{\partial V}{\partial x} + y\frac{\partial V}{\partial y} + z\frac{\partial V}{\partial z} = \frac{2\rho(\rho+1)}{\rho+\cos^2\theta}\frac{\partial V}{\partial\rho} + \frac{\sin\theta\cos\theta}{\rho+\cos^2\theta}\frac{\partial V}{\partial\theta},$$

ou bien, en posant $\cos\theta = \mu$,

$$x\frac{\partial V}{\partial x} + y\frac{\partial V}{\partial y} + z\frac{\partial V}{\partial z} = \frac{2\rho(\rho+1)}{\rho+\mu^2}\frac{\partial V}{\partial\rho} - \frac{\mu(1-\mu^2)}{\rho+\mu^2}\frac{\partial V}{\partial\mu}.$$

D'autre part, on aura dans le cas considéré

$$Y_{n,2l} = P_{n,l}(\mu)\cos l\psi.$$

De là on voit que l'expression $\mathbf{D}\Pi_{n,l}$ sera de la forme

$$F(\rho,\mu)\cos l\psi$$

et que, par suite, $\binom{n,l}{i,j}$ sera nul, toutes les fois que j n'est pas égal à l.

Donc la formule (10), en la divisant par $\cos l\psi$, deviendra

$$(11)\quad \frac{2\rho(\rho+1)P_{n,l}(\mu)}{\rho+\mu^2}\frac{d\mathbf{P}_{n,l}(\rho)}{d\rho} - \frac{\mu(1-\mu^2)\mathbf{P}_{n,l}(\rho)}{\rho+\mu^2}\frac{dP_{n,l}(\mu)}{d\mu}$$
$$= n\mathbf{P}_{n,l}(\rho)P_{n,l}(\mu) + \sum_{i<n-1}\binom{n,l}{i,l}\mathbf{P}_{i,l}(\rho)P_{i,l}(\mu),$$

puisque $\mathbf{E}_{i,2l}$ doit être remplacé dans le cas considéré par $\mathbf{P}_{i,l}$.

Cela posé, considérons d'abord le cas de $l=0$, où la fonction $P_{i,l}(\mu)$ se réduit au polynôme de Legendre $P_i(\mu)$, et posons, dans la formule (11), $\rho=-1$.

Comme

$$\mathbf{P}_i(\rho) = (-1)^{\frac{i}{2}}P_i(\sqrt{-\rho}),$$

nous aurons

$$\mathbf{P}_i(-1) = (-1)^{\frac{i}{2}},$$

et la formule (11), en la divisant par $(-1)^{\frac{n}{2}}$, se réduira à

$$\mu\frac{dP_n(\mu)}{d\mu} = nP_n(\mu) + \sum_{i<n-1}(-1)^{\frac{i-n}{2}}\binom{n,0}{i,0}P_i(\mu).$$

Or on a, comme on sait,

$$(12)\quad \mu\frac{dP_n(\mu)}{d\mu} = nP_n(\mu) + \sum(2n-4s+1)P_{n-2s}(\mu),$$

la somme s'étendant à $s=1, 2, 3, \ldots$ jusqu'à $s=\frac{n}{2}$ ou $s=\frac{n-1}{2}$, selon que n est pair ou impair.

On aura donc, $n-i$ étant pair,

$$\binom{n,0}{i,0} = (-1)^{\frac{n-i}{2}}(2i+1).$$

Par suite, la formule (10) deviendra

$$\mathbf{D}\Pi_{n,0} = n\Pi_{n,0} + \sum(-1)^{\frac{n-i}{2}}(2i+1)\Pi_{i,0},$$

où l'on a

$$\Pi_{i,0} = \mathsf{P}_i(\rho) P_i(\mu)$$

et la somme s'étend à

$$i = 0, \quad 2, \quad 4, \quad \ldots, \quad n-2$$

ou à

$$i = 1, \quad 3, \quad 5, \quad \ldots, \quad n-2,$$

suivant que n est pair ou impair. Du reste, l étant nul, il n'y aura à considérer que le cas de n pair.

Venons maintenant au cas de l non nul.

Dans ce cas, tous les termes de la formule (11) s'annuleront pour $\rho = -1$ et, avant de poser $\rho = -1$, il faudra diviser cette formule par $\mathsf{P}_{n,l}(\rho)$.

On a, par définition (**1**, nº 10 et 14),

$$P_{n,l}(x) = (1-x^2)^{\frac{l}{2}} \frac{d^l P_n(x)}{dx^l}, \qquad \mathsf{P}_{n,l}(\rho) = (-1)^{\frac{n-l}{2}} P_{n,l}(\sqrt{-\rho}),$$

et l'on sait que

$$\left\{\frac{d^l P_n(x)}{dx^l}\right\}_{x=1} = \frac{(n-l+1)(n-l+2)\ldots(n+l)}{2.4\ldots 2l}.$$

Par suite, il viendra

$$\lim_{\rho=-1} (\rho+1)\frac{d\log \mathsf{P}_{n,l}}{d\rho} = \frac{l}{2},$$

$$\lim_{\rho=-1} \frac{\mathsf{P}_{i,l}(\rho)}{\mathsf{P}_{n,l}(\rho)} = (-1)^{\frac{i-n}{2}} \frac{(i-l+1)(i-l+2)\ldots(i+l)}{(n-l+1)(n-l+2)\ldots(n+l)}.$$

Donc la formule (11) donnera

$$\frac{lP_{n,l}(\mu)}{1-\mu^2} + \mu\frac{dP_{n,l}(\mu)}{d\mu} = nP_{n,l}(\mu) + \sum_{i<n-1} (-1)^{\frac{i-n}{2}} \binom{n,l}{i,l} \frac{(i-l+1)\ldots(i+l)}{(n-l+1)\ldots(n+l)} P_{i,l}(\mu),$$

où le premier membre se réduit à

$$\mu\,(1-\mu^2)^{\frac{l}{2}} \frac{d^{l+1}P_n(\mu)}{d\mu^{l+1}} + lP_{n,l}(\mu).$$

Par suite, en divisant par $(1-\mu^2)^{\frac{l}{2}}$, il vient

$$\mu \frac{d^{l+1} P_n(\mu)}{d\mu^{l+1}} = (n-l) \frac{d^l P_n(\mu)}{d\mu^l} + \sum_{i<n-1} (-1)^{\frac{i-n}{2}} \binom{n,l}{i,l} \frac{(i-l+1)\dots(i+l)}{(n-l+1)\dots(n+l)} \frac{d^l P_i(\mu)}{d\mu^l}.$$

Or, en différentiant la formule (12) l fois, on trouve

$$\mu \frac{d^{l+1} P_n(\mu)}{d\mu^{l+1}} = (n-l) \frac{d^l P_n(\mu)}{d\mu^l} + \sum_s (2n-4s+1) \frac{d^l P_{n-2s}(\mu)}{d\mu^l}.$$

On a donc, $n-i$ étant pair,

$$\binom{n,l}{i,l} = (-1)^{\frac{n-i}{2}} (2i+1) \frac{(n-l+1)(n-l+2)\dots(n+l)}{(i-l+1)(i-l+2)\dots(i+l)}.$$

De cette façon la formule (10), où l'on aura à présent

$$\Pi_{n,l} = \mathsf{P}_{n,l}(\rho) P_{n,l}(\mu) \cos l\psi,$$

deviendra

$$\mathsf{D}\Pi_{n,l} = n\Pi_{n,l} + \sum (-1)^{\frac{n-i}{2}} (2i+1) \frac{(n-l+1)(n-l+2)\dots(n+l)}{(i-l+1)(i-l+2)\dots(i+l)} \Pi_{i,l},$$

et la somme s'étendra à

$$i = l, \quad l+2, \quad l+4, \quad \dots, \quad n-2,$$

en supposant, comme on le doit dans notre recherche, que $n-l$ soit un nombre pair.

Dans le cas de $l=n$, cette somme disparaîtra, et notre formule se réduira à

$$\mathsf{D}\Pi_{n,n} = n\Pi_{n,n},$$

comme on pouvait du reste le prévoir, puisque $\Pi_{n,n}(x, y, z)$ est un polynôme *homogène* en x, y, z de degré n.

29. Passons au cas des ellipsoïdes à trois axes inégaux.

Dans ce cas, les coefficients $\binom{n,l}{i,j}$ ne sont pas susceptibles d'expressions simples et tout ce qu'on peut faire c'est de les exprimer à l'aide des intégrales définies.

Nous introduirons à présent, dans les expressions de x, y, z, au lieu de θ et ψ, les variables μ et ν d'après les formules du n° 11.

Nous aurons alors

$$\sqrt{1-q}\, x = \sqrt{\rho+1}\,\sqrt{1-\mu^2}\,\sqrt{1-\nu^2},$$

$$\sqrt{q(1-q)}\, y = \sqrt{\rho+q}\,\sqrt{q-\mu^2}\,\sqrt{\nu^2-q},$$

$$\sqrt{q}\, z = \sqrt{\rho}\,\mu\nu,$$

et, d'après ces formules, l'expression

$$x\frac{\partial V}{\partial x} + y\frac{\partial V}{\partial y} + z\frac{\partial V}{\partial z}$$

se transformera en

$$\frac{2\rho(\rho+1)(\rho+q)}{(\rho+\mu^2)(\rho+\nu^2)}\frac{\partial V}{\partial\rho} - \frac{\mu(1-\mu^2)(q-\mu^2)}{(\nu^2-\mu^2)(\rho+\mu^2)}\frac{\partial V}{\partial\mu} - \frac{\nu(1-\nu^2)(\nu^2-q)}{(\nu^2-\mu^2)(\rho+\nu^2)}\frac{\partial V}{\partial\nu}.$$

De cette façon, en employant les notations

$$\Delta = \sqrt{\rho(\rho+1)(\rho+q)},\quad \mathbf{M} = \sqrt{(1-\mu^2)(q-\mu^2)},\quad \mathbf{N} = \sqrt{(1-\nu^2)(\nu^2-q)}$$

dont nous nous sommes servi dans les Parties précédentes, nous aurons

$$\mathbf{D}\Pi_{n,l} = \frac{2\Delta^2 Y_{n,2l}}{(\rho+\mu^2)(\rho+\nu^2)}\frac{d\mathbf{E}_{n,2l}}{d\rho} - \frac{\mu\mathbf{M}^2\mathbf{E}_{n,2l}}{(\nu^2-\mu^2)(\rho+\mu^2)}\frac{\partial Y_{n,2l}}{\partial\mu} - \frac{\nu\mathbf{N}^2\mathbf{E}_{n,2l}}{(\nu^2-\mu^2)(\rho+\nu^2)}\frac{\partial Y_{n,2l}}{\partial\nu},$$

où l'on aura d'ailleurs

$$Y_{n,2l} = E_{n,2l}(\mu)\,E_{n,2l}(\nu).$$

Pour déterminer les coefficients $\binom{n,l}{i,j}$, posons dans la formule (10) $\rho = -q$ et développons ensuite le premier membre suivant les produits de Lamé.

Comme, pour $\rho = -q$, le premier terme de l'expression ci-dessus de $\mathbf{D}\Pi_{n,l}$ disparaît, nous aurons à développer la fonction

$$\mathbf{E}_{n,2l}(-q)\left[\frac{\mu(1-\mu^2)}{\nu^2-\mu^2}\frac{\partial Y_{n,2l}}{\partial\mu} - \frac{\nu(1-\nu^2)}{\nu^2-\mu^2}\frac{\partial Y_{n,2l}}{\partial\nu}\right],$$

où l'expression en crochets, que nous désignerons par $V_{n,l}$, se met sous la forme

$$V_{n,l} = \frac{\mu(1-\mu^2)E'_{n,2l}(\mu)E_{n,2l}(\nu) - \nu(1-\nu^2)E_{n,2l}(\mu)E'_{n,2l}(\nu)}{\nu^2-\mu^2},$$

l'accent servant à désigner la différentiation.

De cette façon on trouve

$$\binom{n,l}{i,j} = \frac{1}{\gamma_{i,2j}} \frac{\mathsf{E}_{n,2l}(-q)}{\mathsf{E}_{i,2j}(-q)} \int V_{n,l} Y_{i,2j}\, d\sigma,$$

où

$$\gamma_{i,2j} = \int (Y_{i,2j})^2 d\sigma.$$

Du reste, sans spécialiser la valeur de ρ, on obtiendra pour $\binom{n,l}{i,j}$ une expression plus simple. On peut, en effet, montrer que ce coefficient s'exprime très simplement à l'aide de l'intégrale

$$\int \frac{Y_{n,2l}\, Y_{i,2j}\, d\sigma}{(\rho+\mu^2)(\rho+\nu^2)}.$$

C'est ce que nous allons faire à présent.

30. D'après la formule (10) on a

$$\gamma_{i,2j}\binom{n,l}{i,j}\mathsf{E}_{i,2j} = \int \mathsf{D}\Pi_{n,l}\, Y_{i,2j}\, d\sigma,$$

ce qui, en remplaçant $\mathsf{D}\Pi_{n,l}$ par son expression et en posant, pour abréger,

$$\int \frac{Y_{n,2l}\, Y_{i,2j}\, d\sigma}{(\rho+\mu^2)(\rho+\nu^2)} = J,$$

$$\int \frac{\mu\, \mathsf{M}^2\, Y_{i,2j}}{(\nu^2-\mu^2)(\rho+\mu^2)} \frac{\partial Y_{n,2l}}{\partial\mu} d\sigma = J', \qquad \int \frac{\nu\, \mathsf{N}^2\, Y_{i,2j}}{(\nu^2-\mu^2)(\rho+\mu^2)} \frac{\partial Y_{n,2l}}{\partial\nu} d\sigma = J''.$$

donne

$$(13) \qquad \gamma_{i,2j}\binom{n,l}{i,j} = \frac{2\Delta^2 J}{\mathsf{E}_{i,2j}} \frac{d\mathsf{E}_{n,2l}}{d\rho} - (J'+J'')\frac{\mathsf{E}_{n,2l}}{\mathsf{E}_{i,2j}}.$$

Nous avons ainsi à examiner trois intégrales: J, J', J'', et nous commencerons par considérer la première, où nous supposerons $i \leqq n$. Nous supposerons d'ailleurs que $n-i$ et $l-j$ soient des nombres pairs, car, dans tous les autres cas, cette intégrale sera évidemment nulle. Ces hypothèses sont du reste celles dans lesquelles nous avons à considérer l'égalité (13).

Dans le cas de $i=n$, $j=l$, l'intégrale J nous est connue par la première Partie, où nous avons montré (n° 13) que, dans ce cas,

$$(14) \qquad J = \gamma_{n,2l} \frac{\mathsf{E}_{n,2l}\mathsf{F}_{n,2l}}{\Delta}.$$

A présent nous allons montré que, dans tous les cas où $i \leqq n$, on a

$$(15) \qquad J = \begin{bmatrix} n, l \\ i, j \end{bmatrix} \frac{\mathsf{E}_{i,2j}\mathsf{F}_{n,2l}}{\Delta},$$

$\begin{bmatrix} n, l \\ i, j \end{bmatrix}$ étant un nombre indépendant de ρ; et, pour fixer les idées, nous nous arrêterons à cette détermination de la fonction $\mathsf{E}_{i,2j}$:

$$\mathsf{E}_{i,2j} = \mathsf{E}_{i,2j}(\rho) = E_{i,2j}(\sqrt{-\rho}),$$

la fonction $\mathsf{F}_{n,2l}$ étant définie par la formule

$$\mathsf{F}_{n,2l} = \frac{1}{2}(2n+1)\mathsf{E}_{n,2l}\int_\rho^\infty \frac{d\rho}{(\mathsf{E}_{n,2l})^2\Delta}.$$

31. Nous nous bornerons au cas où $n-l$ et $i-j$ sont des nombres pairs, car c'est seulement ce cas qui peut se présenter dans notre étude. Par suite, les nombres $n-i$ et $l-j$ étant encore pairs, les quatre nombres n, l, i, j seront ou tous à la fois pairs, ou tous à la fois impairs.

Cela posé, les fonctions de Lamé $E_{n,2l}(x)$ et $E_{i,2j}(x)$ seront de la forme

$$E_{n,2l}(x) = \sqrt{(1-x^2)^\varepsilon}\,\Phi_{n,l}(x), \qquad E_{i,2j}(x) = \sqrt{(1-x^2)^\varepsilon}\,\Phi_{i,j}(x),$$

où ε est égal à zéro ou à un, selon que les nombres n, l, i, j sont pairs ou impairs, et $\Phi_{n,l}(x)$, $\Phi_{i,j}(x)$ sont des fonctions entières de x respectivement des degrés $n-\varepsilon$, $i-\varepsilon$, toutes les deux paires.

Nous poserons, pour abréger,

$$\sqrt{(1-x^2)^\varepsilon} = \varphi(x),$$

en sorte qu'il viendra

$$Y_{n,2l} = \varphi(\mu)\varphi(\nu)\Phi_{n,l}(\mu)\Phi_{n,l}(\nu),$$
$$Y_{i,2j} = \varphi(\mu)\varphi(\nu)\Phi_{i,j}(\mu)\Phi_{i,j}(\nu).$$

Cela étant, nous pouvons présenter l'intégrale J sous la forme

$$J = \int \frac{\Phi_{i,j}(\mu)\Phi_{i,j}(\nu)}{(\rho+\mu^2)(\rho+\nu^2)}\varphi(\mu)\varphi(\nu)Y_{n,2l}\,d\sigma$$
$$= \int\left[\frac{\Phi_{i,j}(\mu)\Phi_{i,j}(\nu)}{\rho+\mu^2} - \frac{\Phi_{i,j}(\mu)\Phi_{i,j}(\nu)}{\rho+\nu^2}\right]\varphi(\mu)\varphi(\nu)Y_{n,2l}\frac{d\sigma}{\nu^2-\mu^2}$$
$$= \Phi_{i,j}\left(\sqrt{-\rho}\right)\int\left[\frac{\Phi_{i,j}(\nu)}{\rho+\mu^2} - \frac{\Phi_{i,j}(\mu)}{\rho+\nu^2}\right]\varphi(\mu)\varphi(\nu)Y_{n,2l}\frac{d\sigma}{\nu^2-\mu^2} + \int U\varphi(\mu)\varphi(\nu)Y_{n,2l}\,d\sigma,$$

où

$$U = \frac{\Phi_{i,j}(\nu)\left[\Phi_{i,j}(\mu)-\Phi_{i,j}(\sqrt{-\rho})\right]}{(\nu^2-\mu^2)(\rho+\mu^2)} - \frac{\Phi_{i,j}(\mu)\left[\Phi_{i,j}(\nu)-\Phi_{i,j}(\sqrt{-\rho})\right]}{(\nu^2-\mu^2)(\rho+\nu^2)}.$$

Or, la fonction $\Phi_{i,j}(x)$ étant paire, U est une fonction entière et symétrique de μ et ν de degré $i-\varepsilon-2$ par rapport à chacune de ces deux variables. Par suite, i étant au plus égal à n, l'intégrale

$$\int U\varphi(\mu)\varphi(\nu)Y_{n,2l}\,d\sigma$$

se réduira à zéro.

Il viendra donc simplement

$$J = \Phi_{i,j}\left(\sqrt{-\rho}\right)\int\left[\frac{\Phi_{i,j}(\nu)}{\rho+\mu^2} - \frac{\Phi_{i,j}(\mu)}{\rho+\nu^2}\right]\varphi(\mu)\varphi(\nu)Y_{n,2l}\frac{d\sigma}{\nu^2-\mu^2},$$

ce qui, en remplaçant $d\sigma$ par son expression $\frac{(\nu^2-\mu^2)\,d\mu\,d\nu}{\mathsf{MN}}$ et en posant ensuite

$$\int_0^{\sqrt{q}} E_{n,2l}(\mu)E_{i,2j}(\mu)\frac{d\mu}{\mathsf{M}} = a, \qquad \int_{\sqrt{q}}^1 E_{n,2l}(\nu)E_{i,2j}(\nu)\frac{d\nu}{\mathsf{N}} = b,$$

prendra la forme

$$J = 8\Phi_{i,j}\left(\sqrt{-\rho}\right)\left[b\int_0^{\sqrt{q}}\frac{\varphi(\mu)E_{n,2l}(\mu)}{\rho+\mu^2}\frac{d\mu}{\mathsf{M}} - a\int_{\sqrt{q}}^1\frac{\varphi(\nu)E_{n,2l}(\nu)}{\rho+\nu^2}\frac{d\nu}{\mathsf{N}}\right].$$

Or, si nous posons encore

$$\int_0^{\sqrt{q}} [E_{n,2l}(\mu)]^2 \frac{d\mu}{\mathbf{M}} = \alpha, \qquad \int_{\sqrt{q}}^1 [E_{n,2l}(\nu)]^2 \frac{d\nu}{\mathbf{N}} = \beta,$$

nous aurons

$$8(\alpha b - \beta a) = \int V \varphi(\mu) \varphi(\nu) Y_{n,2l}\, d\sigma$$

où

$$V = \frac{\Phi_{i,j}(\nu)\Phi_{n,l}(\mu) - \Phi_{i,j}(\mu)\Phi_{n,l}(\nu)}{\nu^2 - \mu^2}$$

est une fonction entière et symétrique de μ et ν de degré $n - \varepsilon - 2$ par rapport à chacune de ces variables.

Nous aurons donc

$$\int V \varphi(\mu) \varphi(\nu) Y_{n,2l}\, d\sigma = 0$$

et, par suite,

$$\frac{a}{\alpha} = \frac{b}{\beta}.$$

D'autre part, d'après ce que nous avons vu dans la première Partie (n° 12), on aura

$$\beta \int_0^{\sqrt{q}} \frac{\varphi(\mu) E_{n,2l}(\mu)}{\rho + \mu^2} \frac{d\mu}{\mathbf{M}} - \alpha \int_{\sqrt{q}}^1 \frac{\varphi(\nu) E_{n,2l}(\nu)}{\rho + \nu^2} \frac{d\nu}{\mathbf{N}} = \frac{\gamma_{n,2l}\, \varphi(\sqrt{-\rho})\, \mathbf{F}_{n,2l}}{8\Delta}.$$

Donc, comme on a

$$\varphi\left(\sqrt{-\rho}\right) \Phi_{i,j}\left(\sqrt{-\rho}\right) = \mathbf{E}_{i,2j},$$

il vient en définitive

$$J = \gamma_{n,2l} \frac{a}{\alpha} \frac{\mathbf{E}_{i,2j} \mathbf{F}_{n,2l}}{\Delta},$$

et c'est bien la formule (15), où l'on aura ainsi

$$\left[\begin{matrix} n, l \\ i, j \end{matrix}\right] = \frac{a}{\alpha} \gamma_{n,2l} = \frac{b}{\beta} \gamma_{n,2l}. \tag{16}$$

Comme, dans le cas de $i=n$, $j=l$, on a

$$a=\alpha, \qquad b=\beta,$$

on retrouve la formule (14); et, si l'on a $i=n$ sans que j soit égal à l, on aura, comme on sait,

$$a=0, \qquad b=0,$$

et J se réduira à zéro.

Venons maintenant à l'évaluation de la somme $J'+J''$.

32. On a évidemment

$$J'=8b\int_0^{\sqrt{q}}\frac{\mu\mathrm{M}}{\rho+\mu^2}\,E_{i,2j}(\mu)\,E'_{n,2l}(\mu)\,d\mu,$$

$$J''=8a\int_{\sqrt{q}}^{1}\frac{\nu\mathrm{N}}{\rho+\nu^2}\,E_{i,2j}(\nu)\,E'_{n,2l}(\nu)\,d\nu,$$

et nous introduirons encore ces expressions:

$$\overline{J'}=8b\int_0^{\sqrt{q}}\frac{\mu\mathrm{M}}{\rho+\mu^2}\,E'_{i,2j}(\mu)\,E_{n,2l}(\mu)\,d\mu,$$

$$\overline{J''}=8a\int_{\sqrt{q}}^{1}\frac{\nu\mathrm{N}}{\rho+\nu^2}\,E'_{i,2j}(\nu)\,E_{n,2l}(\nu)\,d\nu,$$

en sorte qu'il viendra

$$J'+\overline{J'}=8b\int_0^{\sqrt{q}}\frac{\mu\mathrm{M}}{\rho+\mu^2}\,\frac{dE_{n,2l}(\mu)\,E_{i,2j}(\mu)}{d\mu}\,d\mu,$$

$$J''+\overline{J''}=8a\int_{\sqrt{q}}^{1}\frac{\nu\mathrm{N}}{\rho+\nu^2}\,\frac{dE_{n,2l}(\nu)\,E_{i,2j}(\nu)}{d\nu}\,d\nu.$$

Cela posé, transformons les deux dernières formules au moyen de l'intégration par parties.

On trouve

$$\frac{d}{d\mu}\,\frac{\mu\mathrm{M}}{\rho+\mu^2}=-\frac{2\Delta^2}{\mathrm{M}}\,\frac{d}{d\rho}\,\frac{1}{\rho+\mu^2}-\frac{3\rho^2+2(1+q)\rho+q}{\mathrm{M}(\rho+\mu^2)}+\frac{\rho+\mu^2}{\mathrm{M}},$$

$$\frac{d}{d\nu}\,\frac{\nu\mathrm{N}}{\rho+\nu^2}=\frac{2\Delta^2}{\mathrm{N}}\,\frac{d}{d\rho}\,\frac{1}{\rho+\nu^2}+\frac{3\rho^2+2(1+q)\rho+q}{\mathrm{N}(\rho+\nu^2)}-\frac{\rho+\nu^2}{\mathrm{N}}.$$

D'après cela, $\mu\mathbf{M}$ s'annulant tant pour $\mu=0$ que pour $\mu=\sqrt{q}$ et $\nu\mathbf{N}$ s'annulant tant pour $\nu=\sqrt{q}$ que pour $\nu=1$, on aura, en introduisant de nouveau après la transformation l'élément superficiel $d\sigma$,

$$J'+\bar{J}'=\int\left[2\Delta^2\frac{d}{d\rho}\frac{1}{\rho+\mu^2}+\frac{3\rho^2+2(1+q)\rho+q}{\rho+\mu^2}-\rho-\mu^2\right]Y_{n,2l}\,Y_{i,2j}\frac{d\sigma}{\nu^2-\mu^2},$$

$$J''+\bar{J}''=-\int\left[2\Delta^2\frac{d}{d\rho}\frac{1}{\rho+\nu^2}+\frac{3\rho^2+2(1+q)\rho+q}{\rho+\nu^2}-\rho-\nu^2\right]Y_{n,2l}\,Y_{i,2j}\frac{d\sigma}{\nu^2-\mu^2},$$

et de là il vient

$$J'+J''+\bar{J}'+\bar{J}''=2\Delta^2\frac{dJ}{d\rho}+[3\rho^2+2(1+q)\rho+q]J+\int Y_{n,2l}\,Y_{i,2j}\,d\sigma.$$

On a ici

$$3\rho^2+2(1+q)\rho+q=2\Delta\frac{d\Delta}{d\rho},$$

et le dernier terme est nul, sauf dans le cas de $i=n$, $j=l$ que nous n'avons pas à considérer, puisque $\binom{n,l}{n,l}$ nous est déjà connu.

Par suite, ce cas étant exclu, nous aurons

$$J'+J''+\bar{J}'+\bar{J}''=2\Delta\frac{d\Delta J}{d\rho}. \tag{17}$$

Considérons maintenant la somme $\bar{J}'+\bar{J}''$ que nous pouvons mettre sous la forme

$$\bar{J}'+\bar{J}''=\int\left[\frac{\mu\mathbf{M}^2}{\rho+\mu^2}\frac{\partial Y_{i,2j}}{\partial\mu}+\frac{\nu\mathbf{N}^2}{\rho+\nu^2}\frac{\partial Y_{i,2j}}{\partial\nu}\right]Y_{n,2l}\frac{d\sigma}{\nu^2-\mu^2}.$$

On a évidemment

$$xE'_{i,2j}(x)(1-x^2)(q-x^2)=\varphi(x)\Psi_{i,j}(x),$$

$\Psi_{i,j}(x)$ étant une fonction entière et paire de x.

En introduisant cette fonction, nous aurons

$$\mu\mathbf{M}^2\frac{\partial Y_{i,2j}}{\partial\mu}=\varphi(\mu)\varphi(\nu)\Phi_{i,j}(\nu)\Psi_{i,j}(\mu),$$

$$\nu\mathbf{N}^2\frac{\partial Y_{i,2j}}{\partial\nu}=-\varphi(\mu)\varphi(\nu)\Phi_{i,j}(\mu)\Psi_{i,j}(\nu).$$

Or, $\Psi_{i,j}$ étant une fonction paire, $\Psi_{i,j}(\sqrt{-\rho})$ ainsi que les rapports

$$\frac{\Psi_{i,j}(\mu)-\Psi_{i,j}(\sqrt{-\rho})}{\rho+\mu^2} \quad \text{et} \quad \frac{\Psi_{i,j}(\nu)-\Psi_{i,j}(\sqrt{-\rho})}{\rho+\nu^2}$$

représenterons des fonctions rationnelles entières de ρ.

Nous pouvons donc écrire

$$\bar{J}'+\bar{J}''=\Psi_{i,j}(\sqrt{-\rho})\int\left[\frac{\Phi_{i,j}(\nu)}{\rho+\mu^2}-\frac{\Phi_{i,j}(\mu)}{\rho+\nu^2}\right]\varphi(\mu)\varphi(\nu)\,Y_{n,2l}\frac{d\sigma}{\nu^2-\mu^2} - \text{fonct. entière de } \rho,$$

ou bien, d'après le numéro précédent,

$$\bar{J}'+\bar{J}''=\frac{\Psi_{i,j}(\sqrt{-\rho})}{\Phi_{i,j}(\sqrt{-\rho})}J - \text{fonction entière de } \rho;$$

et la fonction entière qui figure ici sera évidemment la partie entière du développement de la fonction

$$\frac{\Psi_{i,j}(\sqrt{-\rho})}{\Phi_{i,j}(\sqrt{-\rho})}J$$

suivant les puissances décroissantes de ρ, de sorte que, avec la notation employée dans les Parties précédentes, nous aurons

$$\bar{J}'+\bar{J}''=\frac{\Psi_{i,j}(\sqrt{-\rho})}{\Phi_{i,j}(\sqrt{-\rho})}J - \mathbf{E}\,\frac{\Psi_{i,j}(\sqrt{-\rho})}{\Phi_{i,j}(\sqrt{-\rho})}J.$$

Cela posé, nous remarquons que, d'après la définition de la fonction $\Psi_{i,j}$, on a

$$\varphi(\sqrt{-\rho})\,\Psi_{i,j}(\sqrt{-\rho})=\sqrt{-\rho}\,E'_{i,2j}(\sqrt{-\rho})(\rho+1)(\rho+q),$$

ce qui se réduit à $2\Delta^2\mathsf{E}'_{i,2j}$.

Par suite,

$$\frac{\Psi_{i,j}(\sqrt{-\rho})}{\Phi_{i,j}(\sqrt{-\rho})}=\frac{2\Delta^2}{\mathsf{E}_{i,2j}}\frac{d\mathsf{E}_{i,2j}}{d\rho}$$

et, en remplaçant J par son expression (15), il vient

$$\frac{\Psi_{i,j}(\sqrt{-\rho})}{\Phi_{i,j}(\sqrt{-\rho})} J = 2 \begin{bmatrix} n, l \\ i, j \end{bmatrix} \Delta \mathsf{F}_{n,2l} \frac{d\mathsf{E}_{i,2j}}{d\rho}.$$

Or, si l'on développe cette fonction suivant les puissances décroissantes de ρ, le premier terme sera de degré $\frac{i-n}{2}$, d'où l'on voit que

$$\mathbf{E} \frac{\Psi_{i,j}(\sqrt{-\rho})}{\Phi_{i,j}(\sqrt{-\rho})} J$$

se réduira à zéro, sauf peut-être dans le cas de $i = n$.

Nous aurons donc, en faisant abstraction de ce cas,

$$\overline{J'} + \overline{J''} = \frac{2\Delta^2 J}{\mathsf{E}_{i,2j}} \frac{d\mathsf{E}_{i,2j}}{d\rho}.$$

D'après cela, la formule (17) donne

$$J' + J'' = 2\Delta \mathsf{E}_{i,2j} \frac{d}{d\rho} \frac{\Delta J}{\mathsf{E}_{i,2j}}.$$

33. Revenons à la formule (13), que nous pouvons maintenant écrire, en supposant $i < n$, comme il suit:

$$\gamma_{i,2j} \begin{pmatrix} n, l \\ i, j \end{pmatrix} = 2\Delta \left(\frac{\Delta J}{\mathsf{E}_{i,2j}} \frac{d\mathsf{E}_{n,2l}}{d\rho} - \mathsf{E}_{n,2l} \frac{d}{d\rho} \frac{\Delta J}{\mathsf{E}_{i,2j}} \right).$$

D'après (15), cela se réduit à

$$\gamma_{i,2j} \begin{pmatrix} n, l \\ i, j \end{pmatrix} = 2\Delta \begin{bmatrix} n, l \\ i, j \end{bmatrix} \left(\mathsf{F}_{n,2l} \frac{d\mathsf{E}_{n,2l}}{d\rho} - \mathsf{E}_{n,2l} \frac{d\mathsf{F}_{n,2l}}{d\rho} \right),$$

et, par la définition de la fonction $\mathsf{F}_{n,2l}$, on a

$$\mathsf{F}_{n,2l} \frac{d\mathsf{E}_{n,2l}}{d\rho} - \mathsf{E}_{n,2l} \frac{d\mathsf{F}_{n,2l}}{d\rho} = \frac{2n+1}{2\Delta}.$$

Par suite, il vient

$$\begin{pmatrix} n, l \\ i, j \end{pmatrix} = \frac{2n+1}{\gamma_{i,2j}} \begin{bmatrix} n, l \\ i, j \end{bmatrix}.$$

De cette façon nous avons une expression de $\binom{n,l}{i,j}$ à l'aide de l'intégrale J, car la formule obtenue donne

$$\binom{n,l}{i,j} = \frac{2n+1}{\gamma_{i,2j}} \frac{\Delta}{\mathsf{E}_{i,2j}\mathsf{F}_{n,2l}} \int \frac{Y_{n,2l} Y_{i,2j}\, d\sigma}{(\rho+\mu^2)(\rho+\nu^2)},$$

où l'on pourra attribuer à ρ une valeur particulière quelconque. Remarquons que, dans cette formule, on ne doit pas faire simultanément $i=n$, $j=l$.

En partant des formules (16), on peut obtenir d'autres expressions pour $\binom{n,l}{i,j}$. D'après ces formules,

$$\binom{n,l}{i,j} = \frac{2n+1}{\gamma_{i,2j}} \frac{a}{\alpha} \gamma_{n,2l} = \frac{2n+1}{\gamma_{i,2j}} \frac{b}{\beta} \gamma_{n,2l},$$

ce qui fait dépendre $\binom{n,l}{i,j}$ du rapport de deux intégrales elliptiques a et α ou b et β. Mais on peut éliminer ces intégrales et obtenir une formule qui ne dépendra que des opérations algébriques.

Posons pour cela

$$\int_0^{\sqrt{q}} \mu^2 [E_{n,2l}(\mu)]^2 \frac{d\mu}{\mathsf{M}} = \alpha', \qquad \int_{\sqrt{q}}^1 \nu^2 [E_{n,2l}(\nu)]^2 \frac{d\nu}{\mathsf{N}} = \beta'$$

et remarquons que l'on a

$$8(\alpha\beta' - \beta\alpha') = \gamma_{n,2l}.$$

Nous aurons

$$\frac{a}{\alpha} = \frac{b}{\beta} = \frac{a\beta' - b\alpha'}{\alpha\beta' - \beta\alpha'} = \frac{8(a\beta' - b\alpha')}{\gamma_{n,2l}}.$$

Par suite, en supposant $i<n$, on a

$$\binom{n,l}{i,j} = \frac{2n+1}{\gamma_{i,2j}} \int \frac{\nu^2 E_{n,2l}(\nu)\, E_{i,2j}(\mu) - \mu^2 E_{n,2l}(\mu)\, E_{i,2j}(\nu)}{\nu^2 - \mu^2} Y_{n,2l}\, d\sigma,$$

formule dont le calcul ne demande que des opérations algébriques (**3**, n° 38).

Une autre formule de même nature a été signalée au n° 29.

34. D'après ce que nous venons de trouver, on a:

$$\text{pour } i < n, \quad \int \frac{Y_{n,2l}\, Y_{i,2j}\, d\sigma}{(\rho + \mu^2)(\rho + \nu^2)} = \frac{\gamma_{i,2j}}{2n+1} \binom{n,l}{i,j} \frac{\mathsf{E}_{i,2j}\, \mathsf{F}_{n,2l}}{\Delta},$$

$$\text{pour } i > n, \quad \int \frac{Y_{n,2l}\, Y_{i,2j}\, d\sigma}{(\rho + \mu^2)(\rho + \nu^2)} = \frac{\gamma_{n,2l}}{2i+1} \binom{i,j}{n,l} \frac{\mathsf{E}_{n,2l}\, \mathsf{F}_{i,2j}}{\Delta}.$$

Quant au cas de $i = n$, l'intégrale sera nulle, sauf dans l'hypothèse $j = l$, où elle sera égale à

$$\gamma_{n,2l} \frac{\mathsf{E}_{n,2l}\, \mathsf{F}_{n,2l}}{\Delta}.$$

De là on déduit ce développement:

$$\frac{Y_{n,2l}}{(\rho + \mu^2)(\rho + \nu^2)} = \frac{\mathsf{F}_{n,2l}}{(2n+1)\Delta} \sum_{i<n} \binom{n,l}{i,j} \mathsf{E}_{i,2j}\, Y_{i,2j} + \frac{\mathsf{E}_{n,2l}\, \mathsf{F}_{n,2l}}{\Delta} Y_{n,2l}$$

$$+ \frac{\gamma_{n,2l}\, \mathsf{E}_{n,2l}}{\Delta} \sum_{i>n} \frac{1}{(2i+1)\gamma_{i,2j}} \binom{i,j}{n,l} \mathsf{F}_{i,2j}\, Y_{i,2j}.$$

En partant de ces formules, nous allons maintenant chercher une expression explicite pour la fonction ζ_2 à l'aide des coefficients $c_{i,j}$ du développement

$$\frac{Y^2}{(\rho + \mu^2)(\rho + \nu^2)} = \sum c_{i,j}\, Y_{i,2j},$$

coefficients qui jouaient un rôle si important dans les Parties précédentes.

Mais d'abord voyons comment on pourra exprimer les $c_{i,j}$ à l'aide des coefficients $g_{n,l}$ du développement

$$\frac{1}{\gamma} Y^2 = \sum g_{n,l}\, Y_{n,2l},$$

dont nous nous sommes servi au nº 23.

On a

$$c_{i,j} = \frac{1}{\gamma_{i,2j}} \int \frac{Y^2\, Y_{i,2j}\, d\sigma}{(\rho + \mu^2)(\rho + \nu^2)}$$

et, par suite,

$$c_{i,j} = \frac{\gamma}{\gamma_{i,2j}} \sum_{n,l} g_{n,l} \int \frac{Y_{n,2l} Y_{i,2j} \, d\sigma}{(\rho + \mu^2)(\rho + \nu^2)}.$$

Il ne reste donc qu'à remplacer les intégrales par leurs valeurs, ce qui donnera

$$c_{i,j} = \frac{\gamma}{\gamma_{i,2j}} \frac{\mathsf{F}_{i,2j}}{(2i+1)\Delta} \sum_{n<i} \gamma_{n,2l} g_{n,l} \binom{i,j}{n,l} \mathsf{E}_{n,2l} + \gamma g_{i,j} \frac{\mathsf{E}_{i,2j}\mathsf{F}_{i,2j}}{\Delta}$$

$$+ \gamma \frac{\mathsf{E}_{i,2j}}{\Delta} \sum_{n>i} \frac{g_{n,l}}{2n+1} \binom{n,l}{i,j} \mathsf{F}_{n,2l},$$

les sommes étant étendues aux valeurs de n indiquées par les inégalités sous le signe de la somme et aux valeurs de l qui correspondent à chaque valeur de n.

Remarquons que $g_{n,l}$ sera nul si $n > 2m$.

Par suite, on pourra ne donner à n, qui sera un nombre pair, que les valeurs

$$0, \quad 2, \quad 4, \quad \ldots, \quad 2m.$$

De là on voit que, dans le cas de $i \geq 2m$, l'expression ci-dessus de $c_{i,j}$ se réduira à celle qui se trouve à la première ligne, de sorte que $c_{i,j}$ sera de la forme

$$c_{i,j} = f(\rho) \frac{\mathsf{F}_{i,2j}}{\Delta},$$

$f(\rho)$ étant une fonction entière de ρ. Cette fonction se réduira d'ailleurs à E^2 multiplié par une constante, car nous avons trouvé dans la troisième Partie (n° 64) que, pour $i \geq 2m$, on a

$$c_{i,j} = \sigma_{i,j} \frac{\mathsf{E}^2 \mathsf{F}_{i,2j}}{\Delta},$$

où $\sigma_{i,j}$ est une quantité indépendante de ρ *).

---

*) Ce que nous désignons ici par i était désigné à l'endroit cité par $2i$, et le second indice j n'y était pas mis en évidence.

35. Reportons-nous au nº 23 et reprenons l'expression que nous y avons obtenue pour W_2.

Avec la notation abrégée que nous avons introduite, cette expression pourra être écrite comme il suit:

$$W_2 = \frac{\mathsf{F}}{2(2m+1)\gamma} Y\,\mathsf{D}\Pi - \sum \frac{g_{n,l}}{4(2n+1)} \mathsf{F}_{n,2l}\,\mathsf{D}\Pi_{n,l}.$$

Pour la réduire en une série de fonctions $Y_{i,2j}$, nous remarquons que

$$\begin{aligned}\frac{1}{\gamma} Y\,\mathsf{D}\Pi &= \frac{1}{\gamma} Y^2\,\mathsf{DE} + \frac{\mathsf{E}}{2\gamma}\,\mathsf{D}Y^2 \\ &= \sum g_{n,l}\left(Y_{n,2l}\,\mathsf{DE} + \frac{1}{2}\,\mathsf{E}\,\mathsf{D}Y_{n,2l}\right) \\ &= \sum g_{n,l}\left[\left(\mathsf{DE} - \frac{1}{2}\frac{\mathsf{E}}{\mathsf{E}_{n,2l}}\,\mathsf{DE}_{n,2l}\right)Y_{n,2l} + \frac{1}{2}\frac{\mathsf{E}}{\mathsf{E}_{n,2l}}\,\mathsf{D}\Pi_{n,l}\right]\end{aligned}$$

et que, d'autre part,

$$\mathsf{DE}_{i,j} = \frac{2\Delta^2}{(\rho+\mu^2)(\rho+\nu^2)}\,\frac{d\mathsf{E}_{i,j}}{d\rho}.$$

Par suite, il vient

$$\frac{1}{\gamma} Y\,\mathsf{D}\Pi = \frac{\Delta^2}{\mathsf{E}} \sum g_{n,l}\left(\frac{d\mathsf{E}^2}{d\rho} - \frac{\mathsf{E}^2}{\mathsf{E}_{n,2l}}\,\frac{d\mathsf{E}_{n,2l}}{d\rho}\right)\frac{Y_{n,2l}}{(\rho+\mu^2)(\rho+\nu^2)} + \frac{1}{2}\,\mathsf{E}\sum \frac{g_{n,l}}{\mathsf{E}_{n,2l}}\,\mathsf{D}\Pi_{n,l},$$

et il ne reste qu'à remplacer les fonctions

$$\frac{Y_{n,2l}}{(\rho+\mu^2)(\rho+\nu^2)} \quad \text{et} \quad \mathsf{D}\Pi_{n,l}$$

par leurs développements suivant les fonctions $Y_{i,2j}$.

En le faisant on trouve

$$\frac{1}{\gamma} Y\,\mathsf{D}\Pi = \sum L_{i,j}\,Y_{i,2j},$$

où

$$L_{i,j} = \frac{\Delta F_{i,2j}}{(2i+1)\gamma_{i,2j} E} \sum_{n<i} \gamma_{n,2l} g_{n,l} \binom{i,j}{n,l} \left(E_{n,2l} \frac{dE^2}{d\rho} - E^2 \frac{dE_{n,2l}}{d\rho} \right)$$

$$+ \frac{\Delta F_{i,2j}}{E} g_{i,j} \left(E_{i,2j} \frac{dE^2}{d\rho} - E^2 \frac{dE_{i,2j}}{d\rho} \right) + \frac{i}{2} g_{i,j} E$$

$$+ \frac{\Delta E_{i,2j}}{E} \sum_{n>i} \frac{g_{n,l}}{2n+1} \binom{n,l}{i,j} \left(\frac{dE^2}{d\rho} - \frac{E^2}{E_{n,2l}} \frac{dE_{n,2l}}{d\rho} \right) F_{n,2l} + \frac{1}{2} E E_{i,2j} \sum_{n>i} \frac{g_{n,l}}{E_{n,2l}} \binom{n,l}{i,j}.$$

Réunissons ici les deux dernières sommes, où $n > i$, en une seule. Nous aurons alors cette expression:

$$\frac{\Delta E_{i,2j}}{E} \sum_{n>i} \frac{g_{n,l}}{2n+1} \binom{n,l}{i,j} G_{n,l},$$

en posant

$$\left(\frac{dE^2}{d\rho} - \frac{E^2}{E_{n,2l}} \frac{dE_{n,2l}}{d\rho} \right) F_{n,2l} + \frac{2n+1}{2\Delta} \frac{E^2}{E_{n,2l}} = G_{n,l}.$$

Or, si nous remplaçons $\frac{2n+1}{2\Delta}$ par l'expression

$$F_{n,2l} \frac{dE_{n,2l}}{d\rho} - E_{n,2l} \frac{dF_{n,2l}}{d\rho},$$

qui lui est égale, il viendra

$$G_{n,l} = F_{n,2l} \frac{dE^2}{d\rho} - E^2 \frac{dF_{n,2l}}{d\rho}.$$

Nous aurons donc

$$L_{i,j} = \frac{\Delta F_{i,2j}}{(2i+1)\gamma_{i,2j} E} \sum_{n<i} \gamma_{n,2l} g_{n,l} \binom{i,j}{n,l} \left(E_{n,2l} \frac{dE^2}{d\rho} - E^2 \frac{dE_{n,2l}}{d\rho} \right)$$

$$+ \frac{\Delta F_{i,2j}}{E} g_{i,j} \left(E_{i,2j} \frac{dE^2}{d\rho} - E^2 \frac{dE_{i,2j}}{d\rho} \right) + \frac{i}{2} g_{i,j} E$$

$$+ \frac{\Delta E_{i,2j}}{E} \sum_{n>i} \frac{g_{n,l}}{2n+1} \binom{n,l}{i,j} \left(F_{n,2l} \frac{dE^2}{d\rho} - E^2 \frac{dF_{n,2l}}{d\rho} \right).$$

En posant ensuite

$$\sum \frac{g_{n,l}}{4(2n+1)} \mathsf{F}_{n,2l} \mathrm{D}\Pi_{n,l} = \sum M_{i,j} Y_{i,2j},$$

il viendra

$$M_{i,j} = \frac{i}{4} g_{i,j} \frac{\mathsf{E}_{i,2j} \mathsf{F}_{i,2j}}{2i+1} + \frac{1}{4} \sum_{n>i} \frac{g_{n,l}}{2n+1} \binom{n,l}{i,j} \mathsf{E}_{i,2j} \mathsf{F}_{n,2l},$$

et notre expression de W_2 prendra la forme

$$W_2 = \frac{\mathsf{F}}{2(2m+1)} \sum L_{i,j} Y_{i,2j} - \sum M_{i,j} Y_{i,2j}.$$

Observons maintenant que l'on a

$$\frac{\mathsf{F}}{2m+1} = \frac{T_{i,2j} - T}{\mathsf{E}} + \frac{\mathsf{E}_{i,2j} \mathsf{F}_{i,2j}}{(2i+1)\mathsf{E}}$$

et posons

$$\frac{\mathsf{E}_{i,2j} \mathsf{F}_{i,2j}}{2(2i+1)\mathsf{E}} L_{i,j} - M_{i,j} = \frac{\Delta^3}{2(2i+1)\gamma} \frac{\mathsf{E}_{i,2j}}{\mathsf{E}^2} f_{i,j}.$$

Alors on pourra écrire

$$W_2 = \frac{1}{2\mathsf{E}} \sum (T_{i,2j} - T) L_{i,j} Y_{i,2j} + \frac{\Delta^3}{2\gamma \mathsf{E}^2} \sum \frac{\mathsf{E}_{i,2j} f_{i,j}}{2i+1} Y_{i,2j},$$

où $f_{i,j}$ s'exprimera comme il suit:

$$\begin{aligned} f_{i,j} &= \gamma \frac{\mathsf{E}\mathsf{F}_{i,2j}}{\Delta^3} L_{i,j} - \frac{2(2i+1)\gamma}{\Delta^3} \frac{\mathsf{E}^2}{\mathsf{E}_{i,2j}} M_{i,j} \\ &= \frac{\gamma}{(2i+1)\gamma_{i,2j}} \left(\frac{\mathsf{F}_{i,2j}}{\Delta}\right)^2 \sum_{n<i} \gamma_{n,2l}\, g_{n,l} \binom{i,j}{n,l} \left(\mathsf{E}_{n,2l} \frac{d\mathsf{E}^2}{d\rho} - \mathsf{E}^2 \frac{d\mathsf{E}_{n,2l}}{d\rho}\right) \\ &+ \gamma \left(\frac{\mathsf{F}_{i,2j}}{\Delta}\right)^2 g_{i,j} \left(\mathsf{E}_{i,2j} \frac{d\mathsf{E}^2}{d\rho} - \mathsf{E}^2 \frac{d\mathsf{E}_{i,2j}}{d\rho}\right) - \gamma \frac{(2i+1)\mathsf{E}^2}{2\Delta^3} \sum_{n>i} \frac{g_{n,l}}{2n+1} \binom{n,l}{i,j} \mathsf{F}_{n,2l} \\ &+ \gamma \frac{\mathsf{E}_{i,2j} \mathsf{F}_{i,2j}}{\Delta^2} \sum_{n>i} \frac{g_{n,l}}{2n+1} \binom{n,l}{i,j} \left(\mathsf{F}_{n,2l} \frac{d\mathsf{E}^2}{d\rho} - \mathsf{E}^2 \frac{d\mathsf{F}_{n,2l}}{d\rho}\right). \end{aligned}$$

On peut d'ailleurs simplifier cette formule, en remarquant que

$$\left(\frac{F_{i,2j}}{\Delta}\right)^2\left(E_{n,2l}\frac{dE^2}{d\rho}-E^2\frac{dE_{n,2l}}{d\rho}\right)=\frac{E_{n,2l}F_{i,2j}}{\Delta}\frac{d}{d\rho}\frac{E^2F_{i,2j}}{\Delta}-\frac{E^2F_{i,2j}}{\Delta}\frac{d}{d\rho}\frac{E_{n,2l}F_{i,2j}}{\Delta}$$

et que l'expression

$$\frac{E_{i,2j}F_{i,2j}}{\Delta^2}\left(F_{n,2l}\frac{dE^2}{d\rho}-E^2\frac{dF_{n,2l}}{d\rho}\right)-\frac{(2i+1)E^2}{2\Delta^3}F_{n,2l},$$

en y remplaçant $\frac{2i+1}{2\Delta}$ par

$$F_{i,2j}\frac{dE_{i,2j}}{d\rho}-E_{i,2j}\frac{dF_{i,2j}}{d\rho},$$

se réduit à

$$\frac{E_{i,2j}F_{n,2l}}{\Delta}\frac{d}{d\rho}\frac{E^2F_{i,2j}}{\Delta}-\frac{E^2F_{i,2j}}{\Delta}\frac{d}{d\rho}\frac{E_{i,2j}F_{n,2l}}{\Delta}.$$

D'après cela il vient

$$\begin{aligned} f_{i\,j} = {} & \frac{\gamma}{(2i+1)\gamma_{i,2j}}\sum_{n<i}\gamma_{n,2l}\,g_{n,l}\binom{i,j}{n,l}\left(\frac{E_{n,2l}F_{i,2j}}{\Delta}\frac{d}{d\rho}\frac{E^2F_{i,2j}}{\Delta}-\frac{E^2F_{i,2j}}{\Delta}\frac{d}{d\rho}\frac{E_{n,2l}F_{i,2j}}{\Delta}\right) \\ & +\gamma g_{i,j}\left(\frac{E_{i,2j}F_{i,2j}}{\Delta}\frac{d}{d\rho}\frac{E^2F_{i,2j}}{\Delta}-\frac{E^2F_{i,j}}{\Delta}\frac{d}{d\rho}\frac{E_{i,2j}F_{i,2j}}{\Delta}\right) \\ & +\gamma\sum_{n>i}\frac{g_{n,l}}{2n+1}\binom{n,l}{i,j}\left(\frac{E_{i,2j}F_{n,2l}}{\Delta}\frac{d}{d\rho}\frac{E^2F_{i,2j}}{\Delta}-\frac{E^2F_{i,2j}}{\Delta}\frac{d}{d\rho}\frac{E_{i,2j}F_{n,2l}}{\Delta}\right), \end{aligned}$$

et, par suite, en se reportant à l'expression de $c_{i,j}$ donnée au numéro précédent, on peut écrire

$$f_{i,j}=c_{i,j}\frac{d}{d\rho}\frac{E^2F_{i,2j}}{\Delta}-\frac{E^2F_{i,2j}}{\Delta}\frac{dc_{i,j}}{d\rho}.$$

De cette façon $f_{i,j}$ sera la même quantité que celle que nous avons désignée dans la troisième Partie par f_i.

36. Reportons-nous maintenant à l'équation (1) du n° 23.

Avec l'expression que nous venons d'obtenir pour W_2, le second membre de cette équation deviendra

$$\frac{1}{2\mathsf{E}} \sum (T_{i,2j} - T) L_{i,j} Y_{i,2j} + \frac{\Delta^3}{2\gamma \mathsf{E}^2} \sum{}' \frac{\mathsf{E}_{i,2j} f_{i,j}}{2i+1} Y_{i,2j} + \text{const.},$$

où l'accent dont est affecté le signe de la seconde somme sert à indiquer, comme auparavant, que l'on ne doit pas poser simultanément $i = m$, $j = k$. Du reste il n'est nécessaire de l'indiquer que dans le cas de m pair, puisque i et j, dans les sommes qui figurent dans cette formule, ne recevront que des valeurs paires.

Cela posé, nous aurons

$$\zeta_2 = \frac{1}{2\mathsf{E}} \sum L_{i,j} Y_{i,2j} + \frac{\Delta^3}{2\gamma \mathsf{E}^2} \sum{}' \frac{\mathsf{E}_{i,2j} f_{i,j}}{2i+1} \frac{Y_{i,2j}}{T_{i,2j} - T},$$

où l'on peut encore, si l'on veut, ajouter une expression de la forme

$$CY + C_0,$$

avec des valeurs quelconques des constantes C et C_0.

Or on a

$$\sum L_{i,j} Y_{i,2j} = \frac{1}{\gamma} Y \mathsf{D}\Pi.$$

Il viendra donc en définitive

$$\zeta_2 = \frac{Y}{2\gamma \mathsf{E}} \left(x \frac{\partial \Pi}{\partial x} + y \frac{\partial \Pi}{\partial y} + z \frac{\partial \Pi}{\partial z} \right) + \frac{\Delta^3}{2\gamma \mathsf{E}^2} \sum{}' \frac{\mathsf{E}_{i,2j} f_{i,j}}{2i+1} \frac{Y_{i,2j}}{T_{i,2j} - T},$$

formule où l'on aura

$$\Pi(x, y, z) = \mathsf{E} Y,$$

x, y, z étant liés avec ρ, θ, ψ à l'aide des équations

$$x = \sqrt{\rho + 1} \sin\theta \cos\psi, \qquad y = \sqrt{\rho + q} \sin\theta \sin\psi, \qquad z = \sqrt{\rho} \cos\theta.$$

Dans cette formule, l'expression

$$Y \left(x \frac{\partial \Pi}{\partial x} + y \frac{\partial \Pi}{\partial y} + z \frac{\partial \Pi}{\partial z} \right)$$

représente une fonction entière des arguments

$$\sin\theta\cos\psi \quad \text{et} \quad \cos\theta \tag{18}$$

de degré $2m$.

Quant à la somme, ce sera une fonction entière des mêmes arguments dont le degré ne dépassera pas $2m-2$.

En effet, nous savons par la troisième Partie que l'expression

$$f_{i,j} = c_{i,j}\frac{d}{d\rho}\frac{\mathsf{E}^2\mathsf{F}_{i,2j}}{\Delta} - \frac{\mathsf{E}^2\mathsf{F}_{i,2j}}{\Delta}\frac{dc_{i,j}}{d\rho}$$

se réduit à zéro quand i devient plus grand que $2m-1$, puisqu'on a alors

$$c_{i,j} = \sigma_{i,j}\frac{\mathsf{E}^2\mathsf{F}_{i,2j}}{\Delta},$$

ce que nous avons du reste observé au n° 34.

Par suite, la somme dont il s'agit ne dépendra que des $Y_{i,2j}$, où i, qui est pair, ne dépasse pas $2m-2$. Cette somme sera donc une fonction entière des arguments (18) de degré au plus égal à $2m-2$.

De cette façon, l'ensemble de termes de degré $2m$ dans ζ_2 sera le même que dans l'expression

$$\frac{Y}{2\gamma\mathsf{E}}\left(x\frac{\partial\Pi}{\partial x} + y\frac{\partial\Pi}{\partial y} + z\frac{\partial\Pi}{\partial z}\right)$$

et, par suite, le même que dans celle-ci

$$\frac{m}{2}\frac{Y}{\gamma\mathsf{E}}\Pi = \frac{m}{2}\frac{1}{\gamma}Y^2 = \frac{m}{2}\zeta_1^2,$$

de sorte que

$$\zeta_2 - \frac{m}{2}\zeta_1^2$$

sera une fonction entière des arguments (18) dont le degré ne dépassera pas $2m-2$.

37. Les formules dont dépend le calcul des fonctions ζ_3, ζ_4, ... sont susceptibles de transformations analogues, et l'on pourra ainsi obtenir, pour ces fonctions, des expressions explicites sans spécialiser les nombres m et k. Mais nous ne nous y arrêterons pas, et nous allons seulement chercher les ensembles de termes de ces fonctions du plus haut degré par rapport aux arguments (18).

Nous savons déjà que ζ_r sera une fonction entière de ces arguments de degré rm. Nous allons montrer que l'ensemble de termes de cette fonction de degré rm sera le même que dans la fonction $\zeta_1{}^r$ multipliée par une certaine constante indépendante de ρ et q.

Voyons d'abord comment on pourrait déterminer les termes du plus haut degré de la fonction ζ_2 sans connaître son expression.

Reportons-nous à l'équation (1) du n° 23 et remarquons qu'il suffit, pour cela, de réduire le second membre aux termes du plus haut degré.

Or ces termes sont les mêmes que les termes du plus haut degré de la fonction W_2, pour laquelle, en supposant $u > 0$, nous avons cette expression

$$W_2 = \frac{1}{8\pi} \lim_{u=0} \frac{d}{du} \int \frac{\zeta_1'^2 \, d\sigma'}{D(u)} - \frac{\zeta_1}{4\pi} \lim_{u=0} \frac{d}{du} \int \frac{\zeta_1' \, d\sigma'}{D(u)}.$$

D'autre part, d'après ce que nous avons vu au n° 23, les termes du plus haut degré de la fonction

$$\lim_{u=0} \frac{d}{du} \int \frac{\zeta_1'^2 \, d\sigma'}{D(u)}$$

sont les mêmes que ceux de la fonction

$$\lim_{u=0} \frac{d}{du} \frac{1}{(1+u)^m} \cdot \int \frac{\zeta_1'^2 \, d\sigma'}{D(0)} = - m \int \frac{\zeta_1'^2 \, d\sigma'}{D}$$

et les termes du plus haut degré de la fonction

$$\lim_{u=0} \frac{d}{du} \int \frac{\zeta_1' \, d\sigma'}{D(u)}$$

coïncident avec ceux de la fonction

$$\lim_{u=0} \frac{d}{du} \frac{1}{\sqrt{(1+u)^m}} \cdot \int \frac{\zeta_1' \, d\sigma'}{D(0)} = - \frac{m}{2} \int \frac{\zeta_1' \, d\sigma'}{D},$$

où l'on a d'ailleurs

$$\int \frac{\zeta_1' d\sigma'}{D} = \frac{1}{\sqrt{\gamma}} \int \frac{Y' d\sigma'}{D} = \frac{4\pi}{2m+1} \mathsf{EF} \zeta_1.$$

Donc les termes du plus haut degré de W_2 se réduiront à ceux de l'expression

$$\frac{m \mathsf{EF}}{2(2m+1)} \zeta_1^2 - \frac{m}{8\pi} \int \frac{\zeta_1'^2 d\sigma'}{D}$$

et, par suite, comme

$$\frac{\mathsf{EF}}{2m+1} = R - T,$$

les termes du plus haut degré de ζ_2 s'obtiendront en résolvant l'équation

$$(R-T)\zeta_2 - \frac{1}{4\pi} \int \frac{\zeta_2' d\sigma'}{D} = (R-T) \frac{m}{2} \zeta_1^2 - \frac{1}{4\pi} \int \frac{\frac{m}{2} \zeta_1'^2 d\sigma'}{D}.$$

Or la solution la plus générale de cette équation, dans les conditions où nous nous sommes placés (n° 22), est donnée par la formule

$$\zeta_2 = \frac{m}{2} \zeta_1^2 + CY + C_0,$$

où C et C_0 sont des constantes arbitraires.

On voit donc que les termes en question de ζ_2 se réduisent aux termes du plus haut degré de la fonction $\frac{m}{2} \zeta_1^2$.

Cherchons, à l'aide de la même méthode, les termes du plus haut degré de la fonction ζ_3.

38. En nous reportant au n° 24, nous devons commencer par réduire le second membre de l'équation (5) aux termes du plus haut degré, qui seront ceux de W_3.

A cet effet, en supposant $u > 0$, nous remarquons que les termes du plus haut degré des fonctions

$$\lim \frac{d^2}{du^2} \int \frac{\zeta_1'^3 d\sigma'}{D(u)}, \qquad \lim \frac{d^2}{du^2} \int \frac{\zeta_1'^2 d\sigma'}{D(u)}, \qquad \lim \frac{d^2}{du^2} \int \frac{\zeta_1' d\sigma'}{D(u)},$$

où l'on suppose que u tende vers zéro, seront ceux des intégrales

$$(19) \qquad \int \frac{\zeta_1'^3\, d\sigma'}{D}, \qquad \int \frac{\zeta_1'^2\, d\sigma'}{D}, \qquad \int \frac{\zeta_1'\, d\sigma'}{D},$$

multipliées respectivement par

$$\lim \frac{d^2}{du^2} \frac{1}{\sqrt{(1+u)^{3m}}} = \frac{3m(3m+2)}{4},$$

$$\lim \frac{d^2}{du^2} \frac{1}{(1+u)^m} = m(m+1),$$

$$\lim \frac{d^2}{du^2} \frac{1}{\sqrt{(1+u)^m}} = \frac{m(m+2)}{4}.$$

De même, les termes du plus haut degré des fonctions

$$\lim \frac{d}{du} \int \frac{\zeta_1'\zeta_2'\, d\sigma'}{D(u)}, \qquad \lim \frac{d}{du} \int \frac{\zeta_2'\, d\sigma'}{D(u)}, \qquad \lim \frac{d}{du} \int \frac{\zeta_1'\, d\sigma'}{D(u)}$$

seront ceux des intégrales

$$\int \frac{\zeta_1'\zeta_2'\, d\sigma'}{D}, \qquad \int \frac{\zeta_2'\, d\sigma'}{D}, \qquad \int \frac{\zeta_1'\, d\sigma'}{D},$$

multipliées respectivement par

$$\lim \frac{d}{du} \frac{1}{\sqrt{(1+u)^{3m}}} = -\frac{3m}{2},$$

$$\lim \frac{d}{du} \frac{1}{(1+u)^m} = -m,$$

$$\lim \frac{d}{du} \frac{1}{\sqrt{(1+u)^m}} = -\frac{m}{2},$$

ou bien, ceux des intégrales (19), multipliées respectivement par

$$-\frac{3m^2}{4}, \qquad -\frac{m^2}{2}, \qquad -\frac{m}{2}.$$

D'après cela on voit qu'en réduisant à leurs termes du plus haut degré les fonctions

$$\frac{1}{24\pi}\lim \frac{d^2}{du^2}\int \frac{(\zeta_1'-\zeta_1)^3 d\sigma'}{D(u)} \quad \text{et} \quad \frac{1}{4\pi}\lim \frac{d}{du}\int \frac{(\zeta_1'-\zeta_1)(\zeta_2'-\zeta_2)d\sigma'}{D(u)},$$

on pourra les remplacer, la première par

$$\frac{m(3m+2)}{32\pi}\int \frac{\zeta_1'^3 d\sigma'}{D} - \frac{m(m+1)}{8\pi}\zeta_1\int \frac{\zeta_1'^2 d\sigma'}{D} + \frac{m(m+2)}{32\pi}\zeta_1^2\int \frac{\zeta_1' d\sigma'}{D},$$

la seconde par

$$-\frac{3m^2}{16\pi}\int \frac{\zeta_1'^3 d\sigma'}{D} + \frac{m^2}{8\pi}\zeta_1\int \frac{\zeta_1'^2 d\sigma'}{D} + \frac{m^2}{16\pi}\zeta_1^2\int \frac{\zeta_1' d\sigma'}{D}.$$

D'autre part, d'après ce que nous avons vu au numéro précédent, la fonction $\zeta_1 W_2$ pourra être remplacée par

$$\frac{m}{2}(R-T)\zeta_1^3 - \frac{m}{8\pi}\zeta_1\int \frac{\zeta_1'^2 d\sigma'}{D}.$$

Par suite, en réduisant la fonction

$$W_3 = \frac{1}{24\pi}\lim \frac{d^2}{du^2}\int \frac{(\zeta_1'-\zeta_1)^3 d\sigma'}{D(u)} + \frac{1}{4\pi}\lim \frac{d}{du}\int \frac{(\zeta_1'-\zeta_1)(\zeta_2'-\zeta_2)d\sigma'}{D(u)} - \zeta_1 W_2$$

à ses termes du plus haut degré, on pourra la remplacer par

$$-\frac{m(3m-2)}{32\pi}\int \frac{\zeta_1'^3 d\sigma'}{D} + \frac{m(3m+2)}{32\pi}\zeta_1^2\int \frac{\zeta_1' d\sigma'}{D} - \frac{m}{2}(R-T)\zeta_1^3,$$

ce qui se réduit à

$$\frac{m(3m-2)}{8}\left[(R-T)\zeta_1^3 - \frac{1}{4\pi}\int \frac{\zeta_1'^3 d\sigma'}{D}\right].$$

De là on voit que les termes du plus haut degré de la fonction ζ_3 s'obtiendront en résolvant l'équation

$$(R-T)\zeta_3 - \frac{1}{4\pi}\int \frac{\zeta_3' d\sigma'}{D} = \frac{m(3m-2)}{8}\left[(R-T)\zeta_1^3 - \frac{1}{4\pi}\int \frac{\zeta_1'^3 d\sigma'}{D}\right].$$

Ils coïncideront donc avec les termes du plus haut degré de la fonction

$$\frac{m(3m-2)}{8}\zeta_1^3,$$

de sorte que la différence

$$\zeta_3 - \frac{m(3m-2)}{8}\zeta_1^3$$

sera une fonction entière des arguments (18) dont le degré ne dépassera pas $3m-2$.

39. En continuant de se servir de la méthode précédente, on pourra déterminer successivement les termes du plus haut degré de ζ_4, de ζ_5 et ainsi de suite. Mais il sera difficile d'arriver par cette voie à un résultat général. Nous allons donc procéder d'une autre manière.

Reportons-nous au n° 8 et reprenons l'équation (2), à laquelle doit satisfaire la fonction

$$\zeta = \zeta_1\alpha + \zeta_2\alpha^2 + \zeta_3\alpha^3 + \cdots.$$

Dans cette équation on a

$$L = -T + L_1\alpha + L_2\alpha^2 + \cdots,$$

en sorte qu'elle peut s'écrire

$$(R-T)\zeta - \frac{1}{4\pi}\int\frac{\zeta' d\sigma'}{D} = W - (L_1\alpha + L_2\alpha^2 + \cdots)\zeta + \text{const.} \tag{20}$$

Cela posé, développons le second membre suivant les puissances de α et réduisons le coefficient de chaque puissance aux termes du plus haut degré.

Le coefficient de α^r étant

$$W_r - L_1\zeta_{r-1} - L_2\zeta_{r-2} - \cdots - L_{r-1}\zeta_1 + \text{const.},$$

on voit que les termes du plus haut degré y seront ceux de la fonction W_r.

Donc nous pouvons ne considérer, au second membre de l'équation (20), que la fonction W, qui sera donnée par la formule

$$W = S - S_1,$$

ou bien, en vertu de l'expression de S (n° 4), par celle-ci:

$$W = \frac{1}{4\pi}\sum_{i=2}^{\infty}\frac{1}{i!}\frac{1}{(1+\zeta)^{i-1}}\lim_{u=0}\frac{d^{i-1}}{du^{i-1}}\int\frac{(\zeta'-\zeta)^i\,d\sigma'}{D(u)}.$$

Il faut donc réduire les coefficients W_r du développement de cette expression suivant les puissances de α à leurs termes du plus haut degré.

Or il est facile de voir que, si l'on pose

$$\zeta_1'\frac{\alpha}{\sqrt{(1+u)^m}}+\zeta_2'\left(\frac{\alpha}{\sqrt{(1+u)^m}}\right)^2+\zeta_3'\left(\frac{\alpha}{\sqrt{(1+u)^m}}\right)^3+\cdots = f(u),$$

de sorte que $f(u)$ sera ce que devient ζ' en y remplaçant α par

$$\frac{\alpha}{\sqrt{(1+u)^m}},$$

on peut considérer, pour cela, au lieu de l'expression précédente, la suivante

$$\overline{W} = \frac{1}{4\pi}\sum_{i=2}^{\infty}\frac{1}{i!}\frac{1}{(1+\zeta)^{i-1}}\lim_{u=0}\int\frac{d^{i-1}[f(u)-\zeta]^i}{du^{i-1}}\frac{d\sigma'}{D},$$

dont les coefficients du développement auront les mêmes termes du plus haut degré que les W_r.

Voyons donc de plus près ce que représente $\overline{W}$.

Considérons l'équation

$$u-\frac{f(u)-\zeta}{1+\zeta}=0. \tag{21}$$

Elle admet une racine u s'annulant pour $\alpha=0$, et cette racine pourra être développée d'après la formule de Lagrange, ce qui donne

$$u=\sum_{i=1}^{\infty}\frac{1}{i!}\frac{1}{(1+\zeta)^i}\left\{\frac{d^{i-1}[f(u)-\zeta]^i}{du^{i-1}}\right\}_{u=0}.$$

Par suite, il vient

$$\sum_{i=2}^{\infty}\frac{1}{i!}\frac{1}{(1+\zeta)^{i-1}}\left\{\frac{d^{i-1}[f(u)-\zeta]^i}{du^{i-1}}\right\}_{u=0} = (1+\zeta)u-f(0)+\zeta,$$

et cela se réduit, d'après (21), à $f(u)-f(0)$, où d'ailleurs $f(0)$ n'est autre chose que ζ'.

De cette manière on trouve

$$\overline{W} = \frac{1}{4\pi}\int \frac{f(u)-\zeta'}{D}\,d\sigma',$$

u étant la racine de l'équation (21) qui s'annule pour $\alpha = 0$.

Cela posé, nous pouvons remplacer l'équation (20) par celle-ci:

$$(R-T)\zeta - \frac{1}{4\pi}\int \frac{\zeta' d\sigma'}{D} = \overline{W} - C\zeta_1,$$

C étant une constante choisie de telle manière que cette équation soit possible, et pour cela il faut et il suffit qu'on ait

$$C = \int \overline{W}\zeta_1\,d\sigma.$$

En remplaçant $\overline{W}$ par son expression, nous aurons ainsi à considérer l'équation suivante:

$$(R-T)\zeta = \frac{1}{4\pi}\int \frac{f(u)\,d\sigma'}{D} - C\zeta_1, \tag{22}$$

et, si nous posons, comme auparavant,

$$\zeta = \zeta_1\alpha + \zeta_2\alpha^2 + \zeta_3\alpha^3 + \cdots,$$

en entendant par ζ_1 sa valeur primitive, cette équation permettra de calculer successivement ζ_2, ζ_3, ..., ce qui conduira à une nouvelle suite de fonctions ζ_r, qui seront parfaitement déterminées, si on les suppose paires par rapport à ψ et $\cos\theta$, et que l'on donne les valeurs des intégrales

$$\int \zeta_r Y d\sigma.$$

Du reste, quelles que soient les valeurs de ces intégrales, les nouvelles fonctions ζ_r seront des fonctions entières des arguments (18) dont les termes du plus haut degré seront les mêmes que pour les anciennes fonctions ζ_r. Il suffit donc d'obtenir une solution quelconque de l'équation (22).

Cela étant, il est facile de s'assurer que l'on aura une solution de cette équation en définissant les ζ_r comme les coefficients des puissances de α dans le développement de la fonction ζ satisfaisant à l'équation

$$\zeta = \alpha\zeta_1(1+\zeta)^{\frac{m}{2}}. \tag{23}$$

En effet, les ζ_r étant définies par cette équation, on aura

$$f(u) = \frac{\alpha\zeta_1'}{\sqrt{(1+u)^m}}\left[1+f(u)\right]^{\frac{m}{2}}.$$

Or l'équation (21) donne

$$1+f(u) = (1+\zeta)(1+u).$$

On aura donc

$$f(u) = \alpha\zeta_1'(1+\zeta)^{\frac{m}{2}},$$

et l'équation (22) deviendra

$$\begin{aligned}(R-T)\zeta &= \frac{\alpha(1+\zeta)^{\frac{m}{2}}}{4\pi}\int\frac{\zeta_1' d\sigma'}{D} - C\zeta_1 \\ &= \alpha(1+\zeta)^{\frac{m}{2}}\frac{\mathrm{EF}}{2m+1}\zeta_1 - C\zeta_1 \\ &= (R-T)\alpha\zeta_1(1+\zeta)^{\frac{m}{2}} - C\zeta_1.\end{aligned}$$

Elle se réduira donc à l'équation (23), si l'on pose $C=0$.

De cette façon nous parvenons à la conclusion que, si l'on développe la fonction ζ définie par l'équation (23) suivant les puissances de α, les coefficients, qui seront évidemment des puissances de ζ_1 multipliées par des constantes, auront les mêmes termes du plus haut degré que les fonctions ζ_r qui nous intéressent.

Pour effectuer ce développement, faisons usage de la formule de Lagrange. Nous aurons alors

$$\zeta = \sum_{i=1}^{\infty}\frac{\zeta_1^i\alpha^i}{i!}\left[\frac{d^{i-1}(1+u)^{\frac{mi}{2}}}{du^{i-1}}\right]_{u=0},$$

ce qui se réduit à

$$\zeta = \zeta_1 \alpha + \sum_{i=2}^{\infty} \frac{mi(mi-2)(mi-4)\ldots(mi-2i+4)}{4.6.8\ldots 2i} \zeta_1^{\,i} \alpha^i.$$

On en conclut que les termes du plus haut degré de la fonction ζ_r seront les mêmes que ceux de la fonction

$$\frac{mr(mr-2)(mr-4)\ldots(mr-2r+4)}{4.6.8\ldots 2r} \zeta_1^{\,r}.$$

40. Les fonctions ζ_r que nous venons d'étudier sont les ζ_{r0} du n° 16. Voyons maintenant quelle sera la forme des autres ζ_{rs}.

Nous supposerons, comme au n° 15, que le paramètre α soit choisi de telle manière que la figure f se réduise, pour $\alpha = 0$, à l'ellipsoïde E ayant pour demi-axes

$$\sqrt{\overline{\rho}+1}, \qquad \sqrt{\overline{\rho}+\overline{q}}, \qquad \sqrt{\overline{\rho}}$$

et correspondant à $\Omega = \Omega_0 + \eta$.

Alors, d'après ce que nous avons vu au numéro cité, la fonction ζ correspondant à la figure f sera donnée par la formule

$$\zeta = \zeta_0 + (1+\zeta_0)\overline{\zeta}, \tag{24}$$

où

$$\zeta_0 = \frac{\dfrac{\overline{\rho}-\rho}{\overline{\rho}+1}\sin^2\theta\cos^2\psi + \dfrac{\overline{\rho}-\rho+\overline{q}-q}{\overline{\rho}+\overline{q}}\sin^2\theta\sin^2\psi + \dfrac{\overline{\rho}-\rho}{\overline{\rho}}\cos^2\theta}{\dfrac{\rho+1}{\overline{\rho}+1}\sin^2\theta\cos^2\psi + \dfrac{\rho+q}{\overline{\rho}+\overline{q}}\sin^2\theta\sin^2\psi + \dfrac{\rho}{\overline{\rho}}\cos^2\theta},$$

$$\overline{\zeta} = \overline{\zeta}_1\alpha + \overline{\zeta}_2\alpha^2 + \overline{\zeta}_3\alpha^3 + \cdots,$$

les $\overline{\zeta}_r$ étant ce que deviennent les ζ_{r0} en y remplaçant les quantités

$$\rho, \qquad q, \qquad \sin\theta\cos\psi, \qquad \cos\theta$$

par celles-ci:

$$\overline{\rho}, \qquad \overline{q}, \qquad \sin\overline{\theta}\cos\overline{\psi}, \qquad \cos\overline{\theta},$$

dont les deux dernières sont définies par les formules

$$\sin\bar{\theta}\cos\bar{\psi} = \sqrt{1+\zeta_0}\,\frac{\sqrt{\rho+1}}{\sqrt{\bar{\rho}+1}}\sin\theta\cos\psi, \qquad \cos\bar{\theta} = \sqrt{1+\zeta_0}\,\frac{\sqrt{\rho}}{\sqrt{\bar{\rho}}}\cos\theta.$$

En développant ensuite le résultat suivant les puissances entières et positives de η, nous aurons

$$\zeta = \sum \zeta_{rs}\alpha^r\eta^s,$$

où les ζ_{0s} seront les coefficients du développement de la fonction ζ_0 et les autres ζ_{rs} les coefficients des développements des expressions telles que

$$(1+\zeta_0)\bar{\zeta}_r.$$

De là on voit que les ζ_{0s} seront des fonctions entières des arguments

$$\sin\theta\cos\psi \qquad \text{et} \qquad \cos\theta,$$

paires par rapport à chacun de ces arguments, et que ζ_{0s} sera de degré $2s$.

Quant aux ζ_{rs} où r n'est pas nul, les ζ_{r0} étant des fonctions entières des deux arguments en question, paires par rapport à $\cos\theta$, il en sera de même des autres ζ_{rs}. D'ailleurs, ζ_{r0} étant de degré mr, on voit que ζ_{rs} sera de degré $mr+2s$.

Il est du reste facile d'obtenir les termes du plus haut degré de toutes ces fonctions.

41. En commençant par les fonctions ζ_{0s}, posons, pour abréger,

$$\left(\frac{\sin^2\theta\cos^2\psi}{\rho+1} + \frac{\sin^2\theta\sin^2\psi}{\rho+q} + \frac{\cos^2\theta}{\rho}\right)\frac{d\rho}{d\Omega} + \frac{\sin^2\theta\sin^2\psi}{\rho+q}\,\frac{dq}{d\Omega} = w,$$

les dérivées étant prises au sens défini au n° 20.

Alors, en se reportant à l'expression de ζ_0, il est facile de voir que les termes du plus haut degré des ζ_{0s} seront les mêmes que ceux des coefficients correspondants du développement de l'expression

$$t = \frac{w\eta}{1-w\eta}.$$

Donc les termes en question de ζ_{0s} coïncideront avec les termes du plus haut degré de w^s.

Cela posé, cherchons les termes du plus haut degré des autres ζ_{rs}.

Nous pouvons, pour cela, remplacer dans l'équation (24) ζ_0 par t et, en même temps, réduire les coefficients $\overline{\zeta}_r$ du développement de $\overline{\zeta}$ à leurs termes du plus haut degré par rapport aux arguments

$$(25) \qquad \sin\overline{\theta}\cos\overline{\psi} \quad \text{et} \quad \cos\overline{\theta},$$

ce qui, d'après le n° 39, revient à remplacer la fonction $\overline{\zeta}$ par la fonction u satisfaisant à l'équation

$$(26) \qquad u = \alpha\overline{\zeta}_1(1+u)^{\frac{m}{2}}.$$

Nous pouvons donc considérer, au lieu de la formule (24), la suivante:

$$(27) \qquad \zeta = t + (1+t)u.$$

D'autre part, nous pouvons évidemment remplacer, dans l'expression de $\overline{\zeta}_1$, qui ne dépend que de $\overline{q}$ et des arguments (25), $\overline{q}$ par q,

$$\sin\overline{\theta}\cos\overline{\psi} \quad \text{par} \quad \sqrt{1+t}\,\sin\theta\cos\psi,$$

$$\cos\overline{\theta} \quad \text{par} \quad \sqrt{1+t}\,\cos\theta,$$

ce qui réduira ζ_1 à

$$\zeta_{10}(1+t)^{\frac{m}{2}} + f\left(\sqrt{1+t}\,\sin\theta\cos\psi,\ \sqrt{1+t}\,\cos\theta\right),$$

f étant une fonction entière des deux arguments indiqués de degré au plus égal à $m-2$.

De là on voit que $\overline{\zeta}_1$ peut être remplacé par

$$\zeta_{10}(1+t)^{\frac{m}{2}}$$

et que, par suite, on peut définir la fonction u, au lieu de l'équation (26), par la suivante:

$$u = \alpha\zeta_{10}(1+t)^{\frac{m}{2}}(1+u)^{\frac{m}{2}}.$$

Or, en nous arrêtant à cette dernière équation et en remarquant que l'égalité (27) donne

$$(1+t)(1+u) = 1+\zeta,$$

nous aurons

$$u = \alpha\zeta_{10}(1+\zeta)^{\frac{m}{2}}.$$

Par suite, l'égalité (27) se réduira à cette équation:

$$\zeta = t + \alpha\zeta_{10}(1+t)(1+\zeta)^{\frac{m}{2}},$$

ou bien, en remplaçant t par son expression,

$$\zeta = \frac{w\eta}{1-w\eta} + \frac{\alpha\zeta_{10}}{1-w\eta}(1+\zeta)^{\frac{m}{2}},$$

et nous pouvons affirmer que la fonction ζ qui y satisfait sera telle que les coefficients de son développement suivant les puissances de α et η auront les mêmes termes du plus haut degré que les fonctions ζ_{rs}. Cherchons donc ces coefficients, qui se réduiront évidemment à des produits tels que $\zeta_{10}^{\ s} w^s$, multipliés par des constantes.

En posant, pour abréger,

$$\zeta_{10} = \frac{1}{\sqrt{\gamma}} Y = v,$$

et en appliquant la formule de Lagrange, on trouve

$$\zeta = t + \sum_{r=1}^{\infty} \frac{\alpha^r v^r}{r!}(1+t)^r \frac{d^{r-1}(1+t)^{\frac{mr}{2}}}{dt^{r-1}},$$

ce qui se réduit à

$$\zeta = t + \alpha v (1+t)^{\frac{m}{2}+1} + \sum_{r=2}^{\infty} \frac{mr(mr-2)\ldots(mr-2r+4)}{4.6\ldots 2r} \alpha^r v^r (1+t)^{\frac{mr}{2}+1}.$$

Donc, en remplaçant t par sa valeur, il vient

$$\zeta = \frac{w\eta}{1-w\eta} + \frac{v\alpha}{(1-w\eta)^{\frac{m}{2}+1}} + \sum_{r=2}^{\infty} \frac{mr(mr-2)\ldots(mr-2r+4)}{4.6\ldots 2r} \frac{\alpha^r v^r}{(1-w\eta)^{\frac{mr}{2}+1}},$$

et il ne reste qu'à développer les termes de cette série suivant les puissances de η, ce qui donne

$$\zeta = \sum \varkappa_{rs} v^r w^s \alpha^r \eta^s,$$

où

$$\varkappa_{0s} = 1, \qquad \varkappa_{1s} = \frac{(m+2)(m+4)\ldots(m+2s)}{2.4\ldots 2s}$$

et, pour $r > 1$,

$$\varkappa_{rs} = \frac{(mr-2r+4)(mr-2r+6)\ldots(mr+2s)}{2.4\ldots 2s.4.6\ldots 2r}.$$

Nous pouvons donc conclure que, les $\varkappa_{rs}$ ayant ces valeurs, la fonction ζ_{rs} aura les mêmes termes du plus haut degré que l'expression $\varkappa_{rs} v^r w^s$, où

$$v = \zeta_{10}, \qquad w = \zeta_{01}.$$

IV. — Retour aux formules de la première Partie.

42. Voyons maintenant quelles sont les conclusions qu'on peut tirer de ce qui précède au sujet de la fonction que nous avons prise pour la fonction inconnue du problème dans la première Partie, où la surface de la figure d'équilibre cherchée avait été définie par les équations

$$x = \sqrt{\rho + 1 + \zeta} \sin\theta \cos\psi,$$

$$y = \sqrt{\rho + q + \zeta} \sin\theta \sin\psi,$$

$$z = \sqrt{\rho + \zeta} \cos\theta,$$

ζ étant une fonction de θ et ψ qu'il fallait déterminer.

En reprenant ces équations, nous écrirons à présent celles dont nous nous sommes servi aux numéros précédents comme il suit:

$$x = \sqrt{1+Z}\,\sqrt{\rho+1}\,\sin\Theta\cos\Psi,$$

$$y = \sqrt{1+Z}\,\sqrt{\rho+q}\,\sin\Theta\sin\Psi,$$

$$z = \sqrt{1+Z}\,\sqrt{\rho}\,\cos\Theta,$$

de sorte que Z sera ce que devient la fonction ζ considérée précédemment en y remplaçant θ et ψ par Θ et Ψ.

Rapprochons ces deux groupes d'équations.

Nous aurons alors les équations suivantes:

$$(1) \quad \begin{cases} \sqrt{\rho+1+\zeta}\sin\theta\cos\psi = \sqrt{1+Z}\sqrt{\rho+1}\sin\Theta\cos\Psi, \\ \sqrt{\rho+q+\zeta}\sin\theta\sin\psi = \sqrt{1+Z}\sqrt{\rho+q}\sin\Theta\sin\Psi, \\ \sqrt{\rho+\zeta}\cos\theta = \sqrt{1+Z}\sqrt{\rho}\cos\Theta, \end{cases}$$

d'où l'on déduira ζ en fonction de θ et ψ, si l'on connaît Z en fonction de Θ et Ψ.

Voyons donc comment on pourra y arriver.

En posant, pour abréger,

$$\frac{\sin^2\theta\cos^2\psi}{\rho+1} + \frac{\sin^2\theta\sin^2\psi}{\rho+q} + \frac{\cos^2\theta}{\rho} = K,$$

on tire de ces équations la suivante:

$$(2) \qquad K\zeta = Z,$$

et d'après cela les équations (1) pourront être écrites comme il suit:

$$(3) \quad \begin{cases} \sin\Theta\cos\Psi = \dfrac{\sqrt{\rho+1+\zeta}}{\sqrt{1+K\zeta}}\dfrac{\sin\theta\cos\psi}{\sqrt{\rho+1}}, \\[2ex] \sin\Theta\sin\Psi = \dfrac{\sqrt{\rho+q+\zeta}}{\sqrt{1+K\zeta}}\dfrac{\sin\theta\sin\psi}{\sqrt{\rho+q}}, \\[2ex] \cos\Theta = \dfrac{\sqrt{\rho+\zeta}}{\sqrt{1+K\zeta}}\dfrac{\cos\theta}{\sqrt{\rho}}. \end{cases}$$

Nous avons donc exprimé les quantités

$$\sin\Theta\cos\Psi, \qquad \sin\Theta\sin\Psi, \qquad \cos\Theta,$$

dont Z est une fonction uniforme, en fonction de θ, ψ, ζ, et nous pouvons, par suite, exprimer Z en fonction de θ, ψ, ζ.

En faisant abstraction des variables θ et ψ, nous désignerons cette expression de Z par $Z(\zeta)$. Nous aurons alors l'équation

$$(4) \qquad K\zeta = Z(\zeta),$$

dont la résolution par rapport à ζ donnera ζ en fonction de θ et ψ.

Quant à cette résolution, on pourra l'effectuer à l'aide des approximations successives, en posant

$$K\zeta_1 = Z(0),$$

$$K\zeta_2 = Z(\zeta_1),$$

et ainsi de suite, en sorte qu'on ait d'une manière générale

$$K\zeta_{n+1} = Z(\zeta_n);$$

car, en tenant compte des conditions (3) du nº 1 et en supposant l et g suffisamment petits, on démontrera facilement que, n croissant indéfiniment, ζ_n tendra vers une limite déterminée, qui représentera une fonction de θ et ψ, satisfaisant à l'équation (4).

Nous avons vu que la fonction Z peut être supposée une fonction uniforme de deux arguments $\sin\Theta\cos\Psi$ et $\cos\Theta$, paire par rapport à $\cos\Theta$ et, de ce que nous venons de montrer, il résulte que ζ sera alors une fonction uniforme de $\sin\theta\cos\psi$ et $\cos\theta$, paire par rapport à $\cos\theta$.

Voyons ce qu'on peut conclure au sujet de cette fonction ζ d'après ce que nous avons trouvé au sujet de la fonction Z.

13. Nous avons obtenu la fonction Z sous la forme d'une série

$$Z = \sum Z_{rs}\alpha^r\eta^s,$$

procédant suivant les puissances entières et positives des paramètres α et η, où les coefficients Z_{rs} étaient des fonctions entières des arguments $\sin\Theta\cos\Psi$ et $\cos\Theta$, et ces arguments, d'après les formules (3), sont développables, si $|\zeta|$ est assez petit, suivant les puissances entières et positives de ζ. Donc, sous la même condition, les Z_{rs} seront eux-mêmes développables suivant les puissances entières et positives de ζ, et l'on voit que les coefficients de leurs développements seront des fonctions entières des arguments $\sin\theta\cos\psi$ et $\cos\theta$.

Cela étant, si l'on veut chercher la solution ζ de l'équation (4) sous la forme d'une série

$$\zeta = \sum \zeta_{rs} \alpha^r \eta^s \tag{5}$$

procédant suivant les puissances entières et positives de α et η, on pourra calculer les coefficients ζ_{rs} de proche en proche et l'on obtiendra pour eux des expressions parfaitement déterminées en fonction des arguments $\sin\theta \cos\psi$ et $\cos\theta$.

Il va de soi que la convergence de cette série et la légitimité d'une telle représentation de la fonction ζ ne résultent pas de ce que nous venons de dire, puisqu'il n'est pas démontré que la fonction $Z(\zeta)$ soit, elle-même, développable, $|\zeta|$ étant assez petit, suivant les puissances de ζ. Mais, par la deuxième Partie (nº 63), et d'après ce que nous avons vu dans la première Partie, nous savons que la fonction ζ peut réellement être représentée par une série de la forme (5), dont la convergence peut être démontrée directement.

Il est vrai que nous l'avons montré en partant d'une autre définition de α que celle que nous avons adoptée ici. Mais cela peu importe, car, si nous nous arrêtons à la définition du nº 14, modifiée comme nous l'avons montré au nº 17, et si nous désignons par α' l'expression que nous avons prise pour α au nº 63 de la deuxième Partie, on démontrera facilement que, $|\alpha|$ et $|\eta|$ étant assez petits, α' sera développable suivant les puissances entières et positives de α et η.

Cela posé, on peut être certain que, $|\alpha|$ et $|\eta|$ étant assez petits, la série (5) sera convergente et représentera réellement la solution cherchée de l'équation (4).

Voyons ce qu'on peut dire au sujet des coefficients ζ_{rs} de cette série, ce qui seul nous intéresse ici.

Pour déterminer les ζ_{rs}, il suffit de substituer la série (5) dans l'équation (4) et de développer ensuite le second membre suivant les puissances de α et η. En égalant alors les coefficients dont seront affectées les puissances semblables des deux membres, on obtiendra les équations qui permettront de calculer tous les ζ_{rs} jusqu'à un rang voulu.

Mais il sera plus simple de recourir, pour cela, à la série de Lagrange.

En appliquant à l'équation (4) la formule de Lagrange, on trouve

$$\zeta = \sum_{i=1}^{\infty} \frac{1}{i!} \frac{1}{K^i} \left\{ \frac{d^{i-1}[Z(u)]^i}{du^{i-1}} \right\}_{u=0} \text{*)}, \tag{6}$$

*) C'est un développement purement formel; mais cela peu importe, la question de convergence n'étant ici d'aucune importance. En effet, s'il s'agit de calculer ζ_{rs}, on peut réduire la série par laquelle s'exprime la fonction $Z(u)$ à une expression finie, en y rejetant tous les termes dont les degrés par rapport à α et η dépassent $r+s$, et alors la légitimité de ce développement sera hors de doute.

et il ne reste qu'à ordonner le second membre suivant les puissances de α et η, ce qui donnera immédiatement les expressions de tous les ζ_{rs}.

On a, dans la formule (6),

$$Z(u) = \sum Z_{rs}(u)\,\alpha^r \eta^s,$$

$Z_{rs}(u)$ étant ce que devient Z_{rs} lorsqu'on y remplace ses arguments

$$(7) \qquad \sin\Theta \cos\Psi \qquad \text{et} \qquad \cos\Theta$$

respectivement par

$$\frac{\sqrt{\rho+1+u}}{\sqrt{1+Ku}}\,\frac{\sin\theta\cos\psi}{\sqrt{\rho+1}} \qquad \text{et} \qquad \frac{\sqrt{\rho+u}}{\sqrt{1+Ku}}\,\frac{\cos\theta}{\sqrt{\rho}}.$$

De là on voit que, si l'on ordonne l'expression

$$\left\{\frac{d^{i-1}[Z(u)]^i}{du^{i-1}}\right\}_{u=0}$$

suivant les puissances de α et η, les coefficients seront des fonctions entières des arguments

$$(8) \qquad \sin\theta\cos\psi \qquad \text{et} \qquad \cos\theta.$$

Or, si l'on pose

$$\left\{\frac{d^{i-1}[Z(u)]^i}{du^{i-1}}\right\}_{u=0} = \sum F_{rs}^{(i)}\,\alpha^r \eta^s,$$

la somme ne contiendra que des termes où $r+s \geqq i$.

On voit donc que les ζ_{rs} seront de la forme

$$\zeta_{rs} = \frac{\Phi_{rs}}{K^{r+s}},$$

où Φ_{rs}, qui s'obtiendra par la formule

$$(9) \qquad \Phi_{rs} = \sum_{i=1}^{i=r+s} \frac{1}{i!}\,K^{r+s-i} F_{rs}^{(i)},$$

sera une fonction entière des arguments (8).

De cette façon la proposition dont nous avons parlé dans l'Avant-Propos est établie, car K ne diffère de la quantité H considérée dans les Parties précédentes que par un facteur constant: on a, en effet,

$$H = \Delta^2 K.$$

Il ne reste qu'à déterminer le degré de la fonction Φ_{rs}.

Nous avons vu au n° 40 que Z_{rs} est de degré $mr + 2s$ par rapport aux arguments (7), et l'on en conclut que $F_{rs}^{(i)}$ sera au plus de degré $mr + 2s + 2i - 2$ par rapport aux arguments (8).

D'après cela, la formule (9) fait voir que la fonction Φ_{rs} sera au plus de degré

$$(m + 2)r + 4s - 2.$$

Mais nous verrons plus loin qu'en réalité le degré de cette fonction sera moins élevé.

44. Cherchons les coefficients de quelques premiers termes de la série (5).

En ce qui concerne les ζ_{0s}, nous les obtiendrons en développant suivant les puissances de η la fonction ζ_0, à laquelle se réduit ζ quand la figure f se confond avec l'ellipsoïde E, et cette fonction s'obtiendra en éliminant $\overline{\theta}$ et $\overline{\psi}$ entre les équations

$$\sqrt{\rho + 1 + \zeta_0}\sin\theta\cos\psi = \sqrt{\overline{\rho} + 1}\sin\overline{\theta}\cos\overline{\psi},$$

$$\sqrt{\rho + q + \zeta_0}\sin\theta\sin\psi = \sqrt{\overline{\rho} + \overline{q}}\sin\overline{\theta}\sin\overline{\psi},$$

$$\sqrt{\rho + \zeta_0}\cos\theta = \sqrt{\overline{\rho}}\cos\overline{\theta}.$$

En effectuant cette élimination, on trouve

$$\frac{\rho + 1}{\overline{\rho} + 1}\sin^2\theta\cos^2\psi + \frac{\rho + q}{\overline{\rho} + \overline{q}}\sin^2\theta\sin^2\psi + \frac{\rho}{\overline{\rho}}\cos^2\theta + \overline{K}\zeta_0 = 1,$$

où

$$\overline{K} = \frac{\sin^2\theta\cos^2\psi}{\overline{\rho} + 1} + \frac{\sin^2\theta\sin^2\psi}{\overline{\rho} + \overline{q}} + \frac{\cos^2\theta}{\overline{\rho}},$$

et de là il vient

$$\overline{K}\zeta_0 = (\overline{\rho} - \rho)\overline{K} + \frac{\overline{q} - q}{\overline{\rho} + \overline{q}}\sin^2\theta\sin^2\psi.$$

De cette formule on déduit

$$\zeta_{01} = \frac{d\rho}{d\Omega} + \frac{\sin^2\theta \sin^2\psi}{(\rho+q)K} \frac{dq}{d\Omega},$$

$$\zeta_{02} = \frac{1}{2}\frac{d^2\rho}{d\Omega^2} + \frac{\sin^2\theta \sin^2\psi}{2(\rho+q)K}\frac{d^2q}{d\Omega^2} - \frac{\sin^2\theta \sin^2\psi}{(\rho+q)^2K^2}\left[\frac{\partial(\rho+q)K}{\partial\rho}\frac{d\rho}{d\Omega} + \frac{\partial(\rho+q)K}{\partial q}\frac{dq}{d\Omega}\right]\frac{dq}{d\Omega},$$

et l'on voit, d'une manière générale, que ζ_{0s} sera de la forme

$$\zeta_{0s} = \frac{\Phi_{0s}}{K^s},$$

Φ_{0s} étant une fonction entière des arguments (8) dont le degré sera au plus égal à $2s$.

Cherchons maintenant les ζ_{rs} où r n'est pas nul, en nous bornant à ceux pour lesquels $r+s \leqq 2$.

45. La formule (6) donne immédiatement

$$\zeta_{10} = \frac{Z_{10}(0)}{K},$$

où $Z_{10}(0)$ est ce que devient Z_{10} quand on y remplace les arguments (7) par les arguments (8). Ce sera donc ce que nous avons désigné précédemment par ζ_{10}.

Par suite, il vient

$$\zeta_{10} = \frac{Y}{\sqrt{\gamma}\,K},$$

ce qui ne diffère de l'expression

$$\tau = \frac{Y}{H},$$

considérée dans les Parties précédentes, que par un facteur constant, provenant de ce que nous avons admis ici une autre définition de α.

Nous avons ensuite, d'après la formule (9),

$$K^2\zeta_{20} = \Phi_{20} = KF_{20}^{(1)} + \frac{1}{2}F_{20}^{(2)},$$

où $F_{20}^{(1)}$ et $F_{20}^{(2)}$ sont les coefficients de α^2 dans les développements respectivement de

$$Z(0) \quad \text{et} \quad \left\{\frac{d[Z(u)]^2}{du}\right\}_{u=0},$$

de sorte que

$$F_{20}^{(1)} = Z_{20}(0), \qquad F_{20}^{(2)} = 2Z_{10}(0)\left\{\frac{dZ_{10}(u)}{du}\right\}_{u=0}.$$

Or, $\Pi(x, y, z)$ étant le polynôme défini au n° 23, on obtiendra $Z_{10}(u)$ en remplaçant dans l'expression

$$\frac{\Pi(x, y, z)}{\sqrt{\gamma}\,\mathsf{E}}$$

x, y, z respectivement par

$$\frac{\sqrt{\rho+1+u}}{\sqrt{1+Ku}}\sin\theta\cos\psi, \qquad \frac{\sqrt{\rho+q+u}}{\sqrt{1+Ku}}\sin\theta\sin\psi, \qquad \frac{\sqrt{\rho+u}}{\sqrt{1+Ku}}\cos\theta.$$

Par suite, il vient

$$\left\{\frac{dZ_{10}(u)}{du}\right\}_{u=0} = \frac{1}{2\sqrt{\gamma}\,\mathsf{E}}\left[\left(\frac{1}{\rho+1} - K\right)x\frac{\partial\Pi}{\partial x} + \left(\frac{1}{\rho+q} - K\right)y\frac{\partial\Pi}{\partial y} + \left(\frac{1}{\rho} - K\right)z\frac{\partial\Pi}{\partial z}\right],$$

x, y, z ayant, comme au n° 23, les expressions

$$x = \sqrt{\rho+1}\sin\theta\cos\psi, \qquad y = \sqrt{\rho+q}\sin\theta\sin\psi, \qquad z = \sqrt{\rho}\cos\theta.$$

D'autre part, on a

$$\frac{x}{\rho+1}\frac{\partial\Pi}{\partial x} + \frac{y}{\rho+q}\frac{\partial\Pi}{\partial y} + \frac{z}{\rho}\frac{\partial\Pi}{\partial z} = 2\frac{\partial\Pi}{\partial\rho} = 2\frac{d\mathsf{E}}{d\rho}Y,$$

où la dérivée par rapport à ρ doit être prise dans le même sens qu'aux n°s 29 — 36, c'est-à-dire, en considérant q comme une constante et ne faisant varier que ρ.

D'après cela, en remplaçant $Z_{10}(0)$ par sa valeur, on trouve

$$F_{20}^{(2)} = \frac{2}{\gamma\mathsf{E}}\frac{d\mathsf{E}}{d\rho}Y^2 - \frac{K}{\gamma\mathsf{E}}\left(x\frac{\partial\Pi}{\partial x} + y\frac{\partial\Pi}{\partial y} + z\frac{\partial\Pi}{\partial z}\right)Y.$$

En remarquant ensuite que $Z_{20}(0)$ n'est autre chose que la fonction ζ_2

dont l'expression a été obtenue au n° 36, on a

$$F_{20}^{(1)} = \frac{Y}{2\gamma \mathsf{E}}\left(x\frac{\partial \Pi}{\partial x} + y\frac{\partial \Pi}{\partial y} + z\frac{\partial \Pi}{\partial z}\right) + \frac{\Delta^3}{2\gamma \mathsf{E}^2}\sum{}' \frac{\mathsf{E}_{i,2j} f_{i,j}}{2i+1}\,\frac{Y_{i,2j}}{T_{i,2j}-T}.$$

Il vient donc

$$\Phi_{20} = \frac{1}{\gamma \mathsf{E}}\frac{d\mathsf{E}}{d\rho}Y^2 + \frac{\Delta^3 K}{2\gamma \mathsf{E}^2}\sum{}' \frac{\mathsf{E}_{i,2j} f_{i,j}}{2i+1}\,\frac{Y_{i,2j}}{T_{i,2j}-T}.$$

Par cette formule, et d'après ce qui a été dit au n° 36, on voit que Φ_{20} est une fonction entière des arguments (8) de degré $2m$ au plus.

46. Voyons ce que deviendra la formule obtenue dans le cas des ellipsoïdes de révolution.

Dans ce cas, où l'on a $q = 1$, il vient

$$\Delta = (\rho + 1)\sqrt{\rho}, \qquad K = \frac{\rho + \cos^2\theta}{\rho(\rho+1)},$$

et les fonctions

$$\mathsf{E}, \qquad \mathsf{E}_{i,2j}, \qquad \mathsf{F}_{i,2j}$$

se réduisent à

$$\mathsf{P}, \qquad \mathsf{P}_{i,j}, \qquad \mathsf{Q}_{i,j}.$$

Par suite, la quantité $f_{i,j}$ devient

$$f_{i,j} = c_{i,j}\frac{d}{d\rho}\frac{\mathsf{P}^2 \mathsf{Q}_{i,j}}{(\rho+1)\sqrt{\rho}} - \frac{\mathsf{P}^2 \mathsf{Q}_{i,j}}{(\rho+1)\sqrt{\rho}}\frac{dc_{i,j}}{d\rho},$$

les $c_{i,j}$ étant les coefficients du développement

$$\frac{Y^2}{(\rho+1)(\rho+\mu^2)} = \sum c_{i,j} Y_{i,2j},$$

où $\mu = \cos\theta$.

Quant aux fonctions Y et $Y_{i,2j}$, elles se réduisent à

$$Y = P_{m,k}(\mu)\cos k\psi, \qquad Y_{i,2j} = P_{i,j}(\mu)\cos j\psi,$$

d'où l'on voit que j ne pourra recevoir, dans le développement ci-dessus, que deux valeurs: 0 et $2k$.

Nous poserons

$$(\rho + 1)\,c_{i,j} = a_{i,j},$$

de sorte que les $a_{i,j}$ seront les coefficients du développement

$$\frac{Y^2}{\rho + \mu^2} = \sum a_{i,j}\,Y_{i,2j}.$$

Alors il viendra

$$f_{i,j} = \frac{q_{i,j}}{(\rho + 1)^2},$$

où

$$q_{i,j} = a_{i,j}\frac{d}{d\rho}\frac{\mathsf{P}^2\mathsf{Q}_{i,j}}{\sqrt{\rho}} - \frac{\mathsf{P}^2\mathsf{Q}_{i,j}}{\sqrt{\rho}}\frac{da_{i,j}}{d\rho}.$$

Cela étant, la formule que nous venons d'obtenir prendra la forme

$$\Phi_{20} = \frac{1}{\gamma\mathsf{P}}\frac{d\mathsf{P}}{d\rho}Y^2 + \frac{(\rho + \cos^2\theta)\sqrt{\rho}}{2\gamma\mathsf{P}^2}\sum{}' \frac{\mathsf{P}_{i,j}\,q_{i,j}}{2i + 1}\frac{Y_{i,2j}}{T_{i,j} - T},$$

en écrivant $T_{i,j}$ au lieu de $T_{i,2j}$, comme nous l'avons fait dans la deuxième Partie.

D'après cela, en posant

$$\frac{Y}{\rho + \cos^2\theta} = \tau,$$

nous aurons

$$\frac{\gamma}{\rho^2(\rho + 1)^2}\zeta_{20} = \frac{1}{\mathsf{P}}\frac{d\mathsf{P}}{d\rho}\tau^2 + \frac{\sqrt{\rho}}{2\mathsf{P}^2}\sum{}' \frac{\mathsf{P}_{i,j}}{2i + 1}\frac{q_{i,j}}{T_{i,j} - T}\frac{Y_{i,2j}}{\rho + \cos^2\theta},$$

et le second membre, aux notations près, coïncide avec l'expression τ_1, trouvée pour la fonction ζ_{20} dans la deuxième Partie (page 168). Quant au facteur $\frac{\gamma}{\rho^2(\rho+1)^2}$, il provient de ce que nous nous sommes arrêté ici à une autre définition de α.

47. Cherchons encore ζ_{11}, ce qui revient à chercher la fonction Φ_{11}.
Par la formule (9) on trouve

$$\Phi_{11} = KF_{11}^{(1)} + \frac{1}{2}F_{11}^{(2)},$$

où

$$F_{11}^{(1)} = Z_{11}(0), \qquad F_{11}^{(2)} = 2\left\{\frac{dZ_{10}(u)\,Z_{01}(u)}{du}\right\}_{u=0},$$

de sorte qu'il vient

$$\Phi_{11} = K Z_{11}(0) + Z_{10}(0)\left\{\frac{dZ_{01}(u)}{du}\right\}_{u=0} + Z_{01}(0)\left\{\frac{dZ_{10}(u)}{du}\right\}_{u=0}.$$

Commençons par la recherche de $Z_{11}(0)$.

D'une manière générale, les $Z_{rs}(0)$ coïncident évidemment avec les fonctions que nous avons désignées, dans les Sections précédentes, par ζ_{rs}, en sorte que, avec les notations du n° 41, on peut écrire

$$Z_{10}(0) = v, \qquad Z_{01}(0) = w.$$

Cela posé, on aura, d'après la règle indiquée au n° 40,

$$Z_{11}(0) = vw + \frac{\partial v}{\partial q}\frac{dq}{d\Omega} + v_1,$$

v_1 étant le coefficient de la première puissance de η dans le développement de la fonction qu'on déduit de v en y remplaçant ses arguments

$$\sin\theta\cos\psi \qquad \text{et} \qquad \cos\theta$$

respectivement par

$$\sqrt{1+Z_0}\,\frac{\sqrt{\rho+1}}{\sqrt{\overline{\rho}+1}}\sin\theta\cos\psi \qquad \text{et} \qquad \sqrt{1+Z_0}\,\frac{\sqrt{\rho}}{\sqrt{\overline{\rho}}}\cos\theta,$$

où Z_0 est ce que nous avons désigné au n° 40 par ζ_0.

Or, v n'étant autre chose que $\frac{1}{\sqrt{\gamma}}Y$, on pourra aussi obtenir v_1 en cherchant le terme en η dans le développement de l'expression

$$\frac{\Pi(x, y, z)}{\sqrt{\gamma}\,\mathrm{E}}$$

après y avoir remplacé x, y, z respectivement par

$$\sqrt{1+Z_0}\,\frac{\sqrt{\rho+1}}{\sqrt{\overline{\rho}+1}}\,x, \qquad \sqrt{1+Z_0}\,\frac{\sqrt{\rho+q}}{\sqrt{\overline{\rho}+\overline{q}}}\,y, \qquad \sqrt{1+Z_0}\,\frac{\sqrt{\rho}}{\sqrt{\overline{\rho}}}\,z.$$

On aura donc

$$v_1 = \frac{w}{2\sqrt{\gamma E}}\left(x\frac{\partial \Pi}{\partial x} + y\frac{\partial \Pi}{\partial y} + z\frac{\partial \Pi}{\partial z}\right) - \frac{1}{2\sqrt{\gamma E}}\left(\frac{x}{\rho+1}\frac{\partial \Pi}{\partial x} + \frac{y}{\rho+q}\frac{\partial \Pi}{\partial y} + \frac{z}{\rho}\frac{\partial \Pi}{\partial z}\right)\frac{d\rho}{d\Omega}$$
$$- \frac{1}{2\sqrt{\gamma E}}\frac{y}{\rho+q}\frac{\partial \Pi}{\partial y}\frac{dq}{d\Omega},$$

où

$$\frac{x}{\rho+1}\frac{\partial \Pi}{\partial x} + \frac{y}{\rho+q}\frac{\partial \Pi}{\partial y} + \frac{z}{\rho}\frac{\partial \Pi}{\partial z} = 2\frac{\partial \Pi}{\partial \rho}.$$

D'après cela il vient

$$Z_{11}(0) = vw + \frac{\partial v}{\partial q}\frac{dq}{d\Omega} + \frac{w}{2\sqrt{\gamma E}}\left(x\frac{\partial \Pi}{\partial x} + y\frac{\partial \Pi}{\partial y} + z\frac{\partial \Pi}{\partial z}\right) - \frac{1}{\sqrt{\gamma E}}\frac{\partial \Pi}{\partial \rho}\frac{d\rho}{d\Omega}$$
$$- \frac{1}{2\sqrt{\gamma E}}\frac{y}{\rho+q}\frac{\partial \Pi}{\partial y}\frac{dq}{d\Omega}.$$

Nous remarquons ensuite que $Z_{01}(u)$ s'obtient en remplaçant dans la fonction w les arguments

$$\sin\theta\cos\psi, \qquad \sin\theta\sin\psi, \qquad \cos\theta$$

respectivement par

$$\frac{\sqrt{\rho+1+u}}{\sqrt{1+Ku}}\frac{\sin\theta\cos\psi}{\sqrt{\rho+1}}, \qquad \frac{\sqrt{\rho+q+u}}{\sqrt{1+Ku}}\frac{\sin\theta\sin\psi}{\sqrt{\rho+q}}, \qquad \frac{\sqrt{\rho+u}}{\sqrt{1+Ku}}\frac{\cos\theta}{\sqrt{\rho}}.$$

Or, d'après le n° 41, on a

$$w = K\frac{d\rho}{d\Omega} + \frac{\sin^2\theta\sin^2\psi}{\rho+q}\frac{dq}{d\Omega}.$$

Il vient donc

$$\left\{\frac{dZ_{01}(u)}{du}\right\}_{u=0} = \left[\frac{\sin^2\theta\cos^2\psi}{(\rho+1)^2} + \frac{\sin^2\theta\sin^2\psi}{(\rho+q)^2} + \frac{\cos^2\theta}{\rho^2}\right]\frac{d\rho}{d\Omega} + \frac{\sin^2\theta\sin^2\psi}{(\rho+q)^2}\frac{dq}{d\Omega} - Kw,$$

ce qu'on peut encore écrire

$$\left\{\frac{dZ_{01}(u)}{du}\right\}_{u=0} = -Kw - \frac{\partial K}{\partial \rho}\frac{d\rho}{d\Omega} - \frac{\partial K}{\partial q}\frac{dq}{d\Omega}.$$

Enfin, d'après ce que nous avons trouvé au n° 45,

$$\left\{\frac{dZ_{10}(u)}{du}\right\}_{u=0} = \frac{1}{\sqrt{\gamma}\,\mathsf{E}}\frac{\partial \Pi}{\partial \rho} - \frac{K}{2\sqrt{\gamma}\,\mathsf{E}}\left(x\frac{\partial \Pi}{\partial x} + y\frac{\partial \Pi}{\partial y} + z\frac{\partial \Pi}{\partial z}\right).$$

D'après toutes ces formules, on a

$$\begin{aligned}\Phi_{11} = &- v\frac{\partial K}{\partial \rho}\frac{d\rho}{d\Omega} + \left(K\frac{\partial v}{\partial q} - v\frac{\partial K}{\partial q}\right)\frac{dq}{d\Omega}\\ &+ \frac{1}{\sqrt{\gamma}\,\mathsf{E}}\left(\frac{\sin^2\theta\sin^2\psi}{\rho+q}\frac{\partial \Pi}{\partial \rho} - \frac{1}{2}K\frac{y}{\rho+q}\frac{\partial \Pi}{\partial y}\right)\frac{dq}{d\Omega},\end{aligned}$$

où d'ailleurs

$$v = \frac{1}{\sqrt{\gamma}}Y.$$

Par cette formule on voit que Φ_{11} est une fonction entière des arguments (8) de degré $m+2$ au plus.

Remarquons que, si l'on introduit les coordonnées elliptiques d'après les formules

$$x = \frac{\sqrt{\rho+1}\sqrt{1-\mu^2}\sqrt{1-\nu^2}}{\sqrt{1-q}}, \qquad y = \frac{\sqrt{\rho+q}\sqrt{q-\mu^2}\sqrt{\nu^2-q}}{\sqrt{q(1-q)}}, \qquad z = \frac{\sqrt{\rho}\,\mu\nu}{\sqrt{q}},$$

l'expression

$$\frac{1}{\sqrt{\gamma}\,\mathsf{E}}\left(\frac{\sin^2\theta\sin^2\psi}{\rho+q}\frac{\partial \Pi}{\partial \rho} - \frac{1}{2}K\frac{y}{\rho+q}\frac{\partial \Pi}{\partial y}\right)$$

se transformera en celle-ci:

$$\frac{(q-\mu^2)(\nu^2-q)}{2q(1-q)\Delta^2}\left[\frac{\mu(1-\mu^2)(\rho+\nu^2)}{\nu^2-\mu^2}\frac{\partial v}{\partial \mu} - \frac{\nu(1-\nu^2)(\rho+\mu^2)}{\nu^2-\mu^2}\frac{\partial v}{\partial \nu}\right],$$

où l'on aura

$$v = \frac{1}{\sqrt{\gamma}}E(\mu)E(\nu).$$

48. Dans les cas particuliers que nous venons de considérer, le degré de la fonction Φ_{rs} par rapport aux arguments (8) était au plus égal à $mr+2s$, et il en était aussi de même dans tous les cas particuliers que nous avons examinés dans la deuxième Partie.

Il semble donc que c'est un fait général.

Toutefois il est difficile de l'établir, et, sans nous y arrêter, nous allons seulement montrer que, sauf dans les cas de $r=1$, $s=0$ et de $r=0$, $s=1$, le degré de la fonction Φ_{rs} ne pourra jamais atteindre sa limite supérieure

$$(m+2)r+4s-2,$$

signalée au n° 43.

Pour cela, en nous reportant à la formule (9), nous allons remplacer les fonctions $F_{rs}^{(i)}$ par certaines autres fonctions entières des arguments (8) dont les termes de degré

$$mr+2s+2i-2$$

soient les mêmes.

Or ces termes ne seront pas changés, si, après avoir réduit les Z_{rs} à leurs termes du plus haut degré par rapport aux arguments

$$\sin\Theta\cos\Psi \quad \text{et} \quad \cos\Theta, \tag{7}$$

on y remplace, pour en déduire les $Z_{rs}(u)$, ces arguments respectivement par

$$\frac{\sin\theta\cos\psi}{\sqrt{1+Ku}} \quad \text{et} \quad \frac{\cos\theta}{\sqrt{1+Ku}}; \tag{10}$$

et il en sera évidemment de même, si, au lieu de réduire les Z_{rs} à leurs termes du plus haut degré, on les remplace par d'autres fonctions quelconques, dont les termes du plus haut degré soient les mêmes.

Nous pouvons donc, d'après le n° 41, remplacer les Z_{rs} par les produits de la forme

$$\varkappa_{rs} Z_{10}{}^{r} Z_{01}{}^{s},$$

et cela revient à remplacer la fonction Z par la fonction φ satisfaisant à l'équation

$$\varphi = \frac{Z_{01}\eta}{1-Z_{01}\eta} + \frac{Z_{10}\alpha}{1-Z_{01}\eta}(1+\varphi)^{\frac{m}{2}}.$$

Si nous remplaçons ensuite les arguments (7) par les expressions (10), la fonction Z_{01} deviendra

$$\frac{w}{1+Ku}$$

et la fonction Z_{10} prendra la forme

$$\frac{v}{(1+Ku)^{\frac{m}{2}}}+f,$$

f étant une fonction entière des arguments (10) de degré au plus égal à $m-2$, ce qui permet de la rejeter.

D'après cela on voit que la fonction $Z(u)$ pourra être remplacée par la fonction $\varphi(u)$ satisfaisant à l'équation

$$\varphi(u)=\frac{w\eta}{1+Ku-w\eta}+\frac{(1+Ku)v\alpha}{1+Ku-w\eta}\left[\frac{1+\varphi(u)}{1+Ku}\right]^{\frac{m}{2}}.$$

Or, en faisant ce remplacement, on réduira l'équation (4) à celle-ci:

$$K\zeta=\frac{w\eta}{1+K\zeta-w\eta}+\frac{(1+K\zeta)v\alpha}{1+K\zeta-w\eta},$$

et cette équation donne

$$K\zeta=v\alpha+w\eta.$$

On voit donc que les termes de degré $(m+2)r+4s-2$ dans la fonction Φ_{rs}, si $r+s>1$, se réduisent à zéro et que, par suite, le degré de cette fonction sera au plus égal à

$$(m+2)r+4s-4.$$

49. En terminant, nous allons montrer que l'on peut déterminer, d'une manière générale, les expressions auxquelles se réduisent les fonctions Φ_{rs} quand on pose $K=0$.

Remarquons d'abord que la formule

$$\zeta=\sum\zeta_{rs}\alpha^r\eta^s,$$

en y faisant

$$\alpha=K\alpha_1,\qquad \eta=K\eta_1,$$

devient

$$\zeta=\sum\Phi_{rs}\alpha_1^r\eta_1^s.$$

Par suite, si l'on remplace dans l'équation (4) les paramètres α et η respectivement par $K\alpha_1$ et $K\eta_1$, et qu'on développe ensuite la solution ζ de cette équation suivant les puissances de α_1 et η_1, les coefficients représenteront les fonctions Φ_{rs}.

Donc, pour déterminer ce que deviennent ces fonctions lorsqu'on y pose $K=0$, il suffit de déterminer la fonction ζ satisfaisant à l'équation, à laquelle se réduit celle (4) lorsqu'on y pose $K=0$, après l'avoir divisée par K.

Or cette équation sera

$$\zeta = Z_{10}(\zeta)\,\alpha_1 + Z_{01}(\zeta)\,\eta_1,$$

où $Z_{10}(\zeta)$ et $Z_{01}(\zeta)$ seront ce que deviennent les fonctions Z_{10} et Z_{01} quand on y remplace les arguments

$$\sin\Theta\cos\Psi, \qquad \sin\Theta\sin\Psi, \qquad \cos\Theta$$

respectivement par

$$\frac{\sqrt{\rho+1+\zeta}}{\sqrt{\rho+1}}\sin\theta\cos\psi, \qquad \frac{\sqrt{\rho+q+\zeta}}{\sqrt{\rho+q}}\sin\theta\sin\psi, \qquad \frac{\sqrt{\rho+\zeta}}{\sqrt{\rho}}\cos\theta.$$

Faisons donc ce remplacement.

Alors la fonction

$$Z_{01} = \left(\frac{\sin^2\Theta\cos^2\Psi}{\rho+1} + \frac{\sin^2\Theta\sin^2\Psi}{\rho+q} + \frac{\cos^2\Theta}{\rho}\right)\frac{d\rho}{d\Omega} + \frac{\sin^2\Theta\sin^2\Psi}{\rho+q}\frac{dq}{d\Omega}$$

deviendra

$$w - \left(\frac{\partial K}{\partial\rho}\frac{d\rho}{d\Omega} + \frac{\partial K}{\partial q}\frac{dq}{d\Omega}\right)\zeta,$$

et la fonction

$$Z_{10} = \frac{1}{\sqrt{\gamma}}\,Y(\Theta, \Psi),$$

par les propriétés connues des produits de Lamé, se réduira à

$$\frac{1}{\sqrt{\gamma}}\,\frac{\mathsf{E}(\rho+\zeta)}{\mathsf{E}(\rho)}\,Y(\theta, \psi) = v\,\frac{\mathsf{E}(\rho+\zeta)}{\mathsf{E}(\rho)}.$$

Nous aurons donc, en posant, pour abréger,

$$\frac{\partial K}{\partial \rho}\frac{d\rho}{d\Omega} + \frac{\partial K}{\partial q}\frac{dq}{d\Omega} = K',$$

l'équation

$$\zeta = (w - K'\zeta)\eta_1 + v\alpha_1 \frac{\mathsf{E}(\rho+\zeta)}{\mathsf{E}(\rho)},$$

qui se met sous la forme

$$\zeta = \frac{w\eta_1}{1+K'\eta_1} + \frac{v\alpha_1}{1+K'\eta_1}\frac{\mathsf{E}(\rho+\zeta)}{\mathsf{E}(\rho)},$$

et il ne reste qu'à développer la fonction ζ qui y satisfait suivant les puissances de α_1 et η_1.

Développons d'abord suivant les puissances de α_1.

En posant

$$\frac{w\eta_1}{1+K'\eta_1} = t,$$

nous aurons alors, d'après la formule de Lagrange,

$$(11) \qquad \zeta = t + \sum_{r=1}^{\infty} \frac{1}{r!}\left(\frac{v\alpha_1}{1+K'\eta_1}\right)^r \frac{1}{\mathsf{E}^r}\frac{d^{r-1}[\mathsf{E}(\rho+t)]^r}{dt^{r-1}}.$$

De là on voit immédiatement que la fonction Φ_{r0}, en faisant $K=0$, se réduit à

$$\frac{1}{r!}\left(\frac{v}{\mathsf{E}}\right)^r \frac{\partial^{r-1}\mathsf{E}^r}{\partial \rho^{r-1}},$$

et l'on en tire la conclusion que la fonction ζ_{r0} sera de la forme

$$\zeta_{r0} = \frac{1}{r!}\frac{1}{\mathsf{E}^r}\frac{\partial^{r-1}\mathsf{E}^r}{\partial \rho^{r-1}}\left(\frac{Y}{\sqrt{\gamma}K}\right)^r + \frac{Q_r}{K^{r-1}}.$$

Q_r étant une fonction entière des arguments $\sin\theta\cos\psi$ et $\cos\theta$, conclusion à laquelle nous sommes arrivés dans la deuxième Partie par induction. Quant au degré de la fonction Q_r, il ne dépassera pas, d'après ce que nous avons vu au numéro précédent, le nombre $(m+2)r-6$.

Remplaçons maintenant, dans la formule (11), t par sa valeur et développons suivant les puissances de η_1.

En représentant le résultat par

$$\zeta = \sum \varphi_{rs} \alpha_1{}^r \eta_1{}^s,$$

nous aurons d'abord

$$\varphi_{0s} = (-1)^s w K'^{s-1}$$

et, pour ce qui concerne les φ_{rs} où r n'est pas nul, il viendra

$$\varphi_{rs} = \frac{(-1)^s}{r!} \left(\frac{v}{\mathsf{E}}\right)^r \sum_{i=0}^{i=s} (-1)^i \frac{(r+i)(r+i+1)\ldots(r+s-1)}{i!\,(s-i)!} f_2^{(i)}(0)\, w^i K'^{s-i},$$

en faisant, pour abréger,

$$\frac{d^{r+i-1}\,[\mathsf{E}(\rho+t)]^r}{dt^{r+i-1}} = f_r^{(i)}(t).$$

Telles seront donc les expressions des Φ_{rs} dans le cas de $K=0$, auquel cas on aura d'ailleurs

$$w = \frac{\sin^2\theta \sin^2\psi}{\rho+q} \frac{dq}{d\Omega}.$$

De cette façon on aura par exemple, pour l'expression de Φ_{11} dans le cas en question,

$$\varphi_{11} = \frac{1}{\mathsf{E}} \frac{\partial \mathsf{E}}{\partial \rho} v w - K' v,$$

ce qui s'accorde bien avec le résultat obtenu au nº 47.

En revenant aux expressions générales des ζ_{rs}, nous pouvons conclure de cette analyse que, les φ_{rs} ayant les valeurs précédentes, on aura

$$\zeta_{rs} = \frac{\varphi_{rs}}{K^{r+s}} + \frac{Q_{rs}}{K^{r+s-1}},$$

Q_{rs} étant une fonction entière des arguments $\sin\theta\cos\psi$ et $\cos\theta$ de degré au plus égal à

$$(m+2)r + 4s - 6.$$

Цѣна 1 руб. 35 коп.; Prix 3 Mrk.

Продается въ Книжномъ Складѣ Императорской Академіи Наукъ и у ея коммиссіонеровъ:
И. И. Глазунова и К. Л. Риккера въ С.-Петербургѣ, Н. П. Карбасникова въ С.-Петерб., Москвѣ, Варшавѣ и Вильнѣ, Н. Я. Оглоблина въ С.-Петербургѣ и Кіевѣ, Н. Киммеля въ Ригѣ, Фоссъ (Г. В. Зоргенфрей) въ Лейпцигѣ, Люзакъ и Комп. въ Лондонѣ.

Commissionnaires de l'Académie Impériale des Sciences:
J. Glasounof et C. Ricker à St.-Pétersbourg, N. Karbasnikof à St.-Pétersbourg, Moscou, Varsovie et Vilna, N. Oglobline à St.-Pétersbourg et Kief, N. Kymmel à Riga, Voss' Sortiment (G. W. Sorgenfrey) à Leipsic, Luzac & Cie à Londres.

www.ingramcontent.com/pod-product-compliance
Ingram Content Group UK Ltd.
Pitfield, Milton Keynes, MK11 3LW, UK
UKHW020350230726
13925UKWH00003B/1049

9 782013 570503